因为一杯酒 爱上一座城

——吐鲁番产区葡萄酒教程

吐鲁番市葡萄产业发展促进中心 编著

中国纺织出版社有限公司

图书在版编目（CIP）数据

因为一杯酒爱上一座城：吐鲁番产区葡萄酒教程 / 吐鲁番市葡萄产业发展促进中心编著. -- 北京：中国纺织出版社有限公司，2024.12. -- ISBN 978-7-5229-2047-4

Ⅰ. TS262.6；TS971.22

中国国家版本馆 CIP 数据核字第 20245FJ736 号

责任编辑：罗晓莉　国　帅　　责任校对：王蕙莹
责任印制：王艳丽

中国纺织出版社有限公司出版发行
地址：北京市朝阳区百子湾东里 A407 号楼　邮政编码：100124
销售电话：010—67004422　传真：010—87155801
http: //www.c-textilep.com
中国纺织出版社天猫旗舰店
官方微博 http: //weibo.com/2119887771
北京华联印刷有限公司印刷　各地新华书店经销
2024 年 12 月第 1 版第 1 次印刷
开本：787 × 1092　1/16　印张：14.25
字数：185 千字　定价：68.00 元

编 委 会

序言

自古以来，吐鲁番以其得天独厚的自然条件孕育了无数甘甜醇厚的葡萄佳酿，成为了葡萄酒文化的重要发源地之一，其葡萄酒的历史可追溯至两千多年前。古丝绸之路的繁荣，不仅带来了东西方文化的交流与碰撞，也促进了葡萄酒酿造技术的传播与发展。而今，在这片古老的土地上，现代酿酒技术与传统工艺相融合，正孕育出更多令人瞩目的葡萄美酒。

《因为一杯酒　爱上一座城——吐鲁番产区葡萄酒教程》一书，正是基于这样的历史背景与文化积淀，旨在全面而深入地介绍吐鲁番产区的葡萄酒产业。本书以地理环境、气候条件开篇，逐步深入到葡萄品种的选择、种植技术的优化、酿酒工艺的革新等多个方面，力求为读者呈现一个完整、立体、生动的吐鲁番葡萄酒世界。

本书的出版为广大葡萄酒爱好者提供了全面了解吐鲁番葡萄酒的权威指南，更能促进吐鲁番葡萄酒产业与文化的交流与传播，推动中国葡萄酒产业向更高水平发展。

李华

西北农林科技大学原副校长、

葡萄酒学院终身名誉院长、教授

2024 年 9 月

前言

吐鲁番，这座古丝绸之路上的重镇，始终以其独特的地理位置和丰富的自然资源吸引着世界的目光，作为四大文明交汇地之一，其葡萄酒文化源远流长。据《史记·大宛列传》记载，早在公元前138年，西汉使节张骞出使西域时，便将欧亚种葡萄及葡萄酒引入中原，开启了葡萄酒文化的交流与融合。阿斯塔那古墓出土的“庄园生活图”和高昌故城中发掘出的酿酒作坊遗址及酒坛残片，揭示了吐鲁番葡萄酒文化的深厚底蕴。

吐鲁番位于天山山脉东段南坡的山间盆地，这里拥有得天独厚的自然条件，为葡萄的生长提供了绝佳的环境，干燥、阳光充足、热量丰富的气候特点和良好的灌溉条件，使葡萄能够积累较高的糖分和独特的香气，为酿造出高品质的葡萄酒奠定了坚实的基础。

近年来，吐鲁番市以“丝绸之路经济带核心区建设”为契机，加快葡萄酒产业发展步伐，在基地建设、产区培育、特色挖掘、品牌塑造、产品销售等方面取得了显著成效。目前，吐鲁番市已登记在册的葡萄酒生产企业达82家，具有生产基础和能力的酒庄42家（其中取得SC生产认证的酒庄23家），生产了干型酒、甜型酒、蒸馏酒、起泡酒、加强葡萄酒、特色果酒等六大系列500余款产品。同时，还培育出一批有市场知名度和影响力的葡萄酒品牌，这些品牌不仅在国内市场上占据了一席之地，还远销海外多个国家和地区，赢得了广泛的赞誉和认可。

本书旨在向广大读者介绍吐鲁番产区葡萄酒的独特魅力、历史背景、酿造工艺及品鉴方法，提升公众对葡萄酒文化的认知和理解，为葡萄酒爱好者、从业者及研究者提供一份详尽的参考指南。本书共分为9章，涵盖了吐鲁番产区葡萄酒的历史文化、产区风土及优势、酿酒葡萄栽培、葡萄酒酿造、葡萄酒品鉴、特色葡萄酒与美食搭配等，全面介绍了吐鲁番葡萄酒产区的历史、地理环境、种植技术、酿造工艺以及产业发展现状。

通过《因为一杯酒　爱上一座城——吐鲁番产区葡萄酒教程》，进一步促进吐鲁番葡萄与葡萄酒产业的可持续发展，完善葡萄酒产业链，提升整个产业的竞争力和影响力；传承和弘扬吐鲁番地区的葡萄酒文化，深入挖掘吐鲁番葡萄酒文化精髓，打造具有地域特色的文化旅游品牌项目；共同推动吐鲁番葡萄酒产业向更高层次、更广领域发展，并以其卓越的品质和独特的文化魅力走向世界舞台的中央。在本书的编写过程中，集中了吐鲁番市葡萄产业发展促进中心全体人员的智慧，得到了吐鲁番市葡萄酒行业相关机构、单位及其酒庄提供的地图、数据、图片支撑和中国纺织出版社的大力支持，在此一并致谢。

随着社会的发展和科技的进步，大量的新技术、新方法会不断出现，编者受学识水平所限，本书中的部分内容可能无法满足未来所需，敬请读者批评指正。

吐鲁番市葡萄产业发展促进中心

2024年7月

目　录

第一章

吐鲁番葡萄酒历史文化

一、史料记载

吐鲁番是葡萄的故乡，在中国的历史长河里，葡萄是丝绸之路上一串璀璨的珍珠。由于吐鲁番气温高、日照时间长、昼夜温差大、干旱少雨，特别适合葡萄、哈密瓜、桑葚等瓜果的生长，因而瓜果丰茂，又因有比较独特的地理位置使吐鲁番的雪山融水和地下水贮量丰富，所以水果中的含糖量非常高，达22%~24%（白利糖度Brix，下同）。吐鲁番现有葡萄品种有无核白、无核紫、马奶子、新郁、火焰无核等550多种，堪称“世界葡萄植物园”。

1．葡萄与葡萄酒的相关记载

吐鲁番是丝绸之路的必经地，自汉始，丝绸之路的打通使葡萄与葡萄酒逐渐登上历史的舞台。

公元前104～公元前91年，《史记·大宛列传》记载：“宛左右以蒲陶（今葡萄）为酒，富者藏酒至万馀石，久者数十岁不败。俗嗜酒，马嗜苜蓿。汉使取其实来，於是天子始种苜蓿、蒲陶肥饶地。及天马多，外国使来众，则离宫别馆旁尽种蒲陶、苜蓿极望”。

公元402～589年，在《北史·高昌传》中记载：“高昌者，车师前王之故地……多五果。多蒲桃酒。”

公元533～544年，北魏贾思勰《齐民要术》中记载：“汉武帝使张骞至大宛，取葡萄实，如离宫别馆旁尽种之”。

公元621～656年，《隋书》卷八十三《西域传》记载高昌“出赤盐如殊，白盐如玉。多葡萄酒。俗事天神，兼信佛法”。

公元629～636年，《梁书》卷五十四记载：“高昌国……出良马、蒲陶酒、石盐”。由此可以看出南北朝时，吐鲁番已成为重要的葡萄种植基地和葡萄酒盛行之地。

公元977～984年，《太平御览》卷八百四十五引《梁四公记》记载：“高昌遣使献干葡萄冻酒。帝命杰公迓之，谓其使曰：‘葡萄七是洿林，三是无半。冻酒非八风谷所冻者，又无高宁酒和之’。使者曰：‘其年风灾，葡萄不熟，故驳杂冻酒。奉王急命，故非时耳’。帝问杰公群物之异，对曰：‘葡萄，洿林者，皮薄味美；

无半者，皮厚味苦。酒是八风谷冻成者，终年不坏。今臭其气酸，洿林酒滑而色浅，故云然’。”

公元1227～1228年，元代丘处机在《长春真人西游记》中也记录了当时用葡萄等水果招待贵宾的场面，“泊于城西蒲萄园之上阁，时回纥王部族劝蒲萄酒，供以异花杂果名香，且列侏儒伎乐，皆中州人”。

公元1414年，明永乐十二年陈诚所著的《西域番国志》记载：“土尔番（今吐鲁番）……土宜麻麦、水稻不生，有桃、杏、枣、李、多葡萄、畜羊马”。“鲁陈（即今鲁克沁）土宜穄、麦、麻、豆，广植种葡萄、桃、杏、花红、胡桃、小枣、甜瓜、葫芦之属。有小葡萄，甘甜而无核，名曰琐子葡萄……善酿葡萄酒，蓄牛羊马驼，气候和煖，人民醇樸”。

公元1628～1639年，明代《农政全书》记载：“西番之绿葡萄，名兔睛，味胜糖蜜，无核，则异品也”。说明此时已经有无核葡萄品种的种植和葡萄干的生产。

公元1777年，清乾隆四十二年《西域见闻录》描述吐鲁番葡萄品质优良，“葡萄种类甚多，无不佳妙，甲于西域”。“秋深葡萄熟，酿酒极佳，饶有风味，其酿法，纳果于瓮，覆盖数日，待果烂发后，取以烧酒”。

除史料外，葡萄和葡萄酒还出现在图经、方志及文书档案中。吐鲁番文书、吐鲁番回鹘文文书、吐蕃简牍等，其中均有葡萄、葡萄酒的记载。据粗略统计，吐鲁番出土文书所涉及葡萄的58件文书中，唐西州时期文书占28件，所涉及葡萄酒的32件文书中，唐西州时期文书也有3件。9世纪吐蕃简牍中有“杏、干葡萄各三捧”的记载。唐、宋、元时代广泛使用的吐鲁番回鹘文社会经济文书中，有不少涉及葡萄种植的，如李经纬《吐鲁番回鹘文社会经济文书研究》所收文书中，涉及葡萄园或以葡萄园为重要内容的就有13件。

图1-1 《吐鲁番葡萄志》封面

2015年，新疆生产建设兵团出版社出版发行的《吐鲁番葡萄志》（图1-1），是一部具有吐鲁番地方特色与鲜明时代特点的专业志书，全书包括吐鲁番葡萄的栽培和葡萄酒酿造历史等。全书以存真求实的原则，对历史资料精心选择、反复考证、去粗取精，坚持突出专业和地方特色，详实记载了吐鲁番葡萄种植、加工、科研和文化的发展历程。

2．葡萄与葡萄酒的使用

史料记载隋唐之前葡萄种植和酿酒技术已经传入中原大地，且酿酒技术趋于成熟。

在隋唐时，葡萄和葡萄酒在文学语言中进一步迎来了高潮，如葡萄称谓的写法基本确定。据吐鲁番出土的文书记载，唐西州时葡萄名称有蒲陶、蒲桃、桃、陶；唐代诗歌、史籍中，“葡萄”“蒲桃”互用，这表明“葡萄”称谓在唐代已确定和流行使用，也标志着葡萄物质文化在唐代的成熟和丰富。

现藏于德国柏林博物院达勒姆印度艺术博物馆的高昌回鹘摩尼教插图残片，大约作于八九世纪，其中最大的一片的反面描绘“摩尼及其弟子宴前读经，皆白衣白帽，中间贡放瓜果葡萄”；较小的一个残片的正面描绘摩尼僧人跪坐写经，其中有“花树葡萄”。

图1-2　葡萄花纹陶罐

1915年，斯坦因在吐鲁番阿斯塔那墓葬中发现了一批以“萨珊式”织锦所作的覆面，其中有萨珊式联珠葡萄鹿纹锦覆面，说明当时的人们已在丝织品上编织葡萄图案。此外，葡萄图案也被描绘于陶罐表面（图1–2）。

3．涉及葡萄和葡萄酒的诗词文学创作

葡萄和葡萄酒作为文学家诗词歌等创作的题材，与其相关的诗词歌赋在时代变迁中不断增加。据粗略统计，涉及葡萄、葡萄酒的古诗词有200多首，作者达130

多位，包括陈子昂、岑参、崔颢、王维、王绩、李白、杜甫、韩愈、柳宗元、白居易、元稹、刘禹锡等杰出诗人。部分关于葡萄与葡萄酒的诗词见表1–1。

表1–1 与葡萄或葡萄酒相关的诗词

朝代	诗名	作者	诗句	来源
魏晋南北朝	《饮酒乐》	陆机	葡萄四时芳醇，琉璃千钟旧宾	《陆士衡集》
	《燕歌行》	庚信	蒲桃一杯千日醉，无事九转学神仙	《庚子山集》
唐朝	《题酒店壁》	王绩	竹叶连糟翠，蒲萄带曲红	《全唐诗》卷37
	《凉州词》	王翰	葡萄美酒夜光杯，欲饮琵琶马上催	《全唐诗》卷199
	《对酒》	李白	葡萄酒，金叵罗，吴姬十五细马驮	《全唐诗》卷186
	《酒泉太守席上醉后作》	岑参	浑炙犁牛烹野驼，交河美酒归叵罗	《全唐诗》卷156
	《西凉伎》	元稹	蒲萄酒熟恣行乐，红艳青旗朱粉楼	《全唐诗》卷419
	《倡女行》	乔知之	石榴酒，葡萄浆。兰桂芳，茱萸香	《全唐诗》卷81
	《襄阳歌》	李白	遥看汉水鸭头绿，恰似葡萄初酦醅	《全唐诗》卷166
	《咏葡萄》	唐彦谦	西园晚霁浮嫩凉，开尊漫摘葡萄尝 满架高撑紫络索，一枝斜弹金琅珰	国学萃
	《谢汾州田大夫寄茸毡葡萄》	姚合	筐封紫葡萄，筒卷白茸毛	国学萃
	《葡萄歌》	刘禹锡	野田生葡萄，缠绕一枝高	国学萃
	《葡萄》	韩愈	新茎未遍半犹枯，高架支离倒复扶 若欲满盘堆马乳，莫辞添竹引龙须	国学萃
	《宫中行乐词八首》之三	李白	卢橘为秦树，蒲桃出汉宫	国学萃
宋朝	《夜寒与客烧干柴取暖戏作》	陆游	如倾潋潋蒲萄酒，似拥重重貂鼠裘	《剑南诗稿》
	《秋思·露浓压架葡萄熟》		露浓压架葡萄熟，日嫩登场罢亚香	国学萃
	《葡萄·磊落堆盘亦快哉》	章甫	磊落堆盘亦快哉，无人能寄一枝来	国学萃
	《赋葡萄》	辛弃疾	高架金茎照水寒，累累小摘便堆盘	国学萃

续表

朝代	诗名	作者	诗句	来源
元朝	《山坡羊·春日》	张可久	芙蓉春帐，葡萄新酿，一声金缕樽前唱	《全元曲》
	《温日观画葡萄二首·其二》	郑元祐	以头濡墨写葡萄，叶叶枝枝自零乱	国学萃
明朝	《葡萄酒》	苏葵	等闲不博凉州牧，留荐瑶池第一觞	《吹剑集》
	《葡萄·其三》	徐渭	尚有旧时书秃笔，偶将蘸墨黠葡萄	国学萃
	《燕京四时歌·葡萄新酒泼流霞》	徐祯卿	葡萄新酒泼流霞，十月燕山雪作花	国学萃
清朝	《陆治松鼠葡萄》	乾隆	却成松鼠葡萄景，不识誉之抑刺之	国学萃
	《瓜果》	肖雄	苍藤蔓，架覆檐前，满缀明珠络索圆	《瓜果四首》
近现代	《眉妩·游葡萄沟参观坎儿井》	蔡淑萍	正葡萄新熟，逢佳节、平添游兴诗绪缀珠万树。翡翠廊、遮断炎暑	国学萃

4. 葡萄与葡萄酒的宗教信仰色彩

《大慈恩寺三藏法师传》（卷第二）记载三藏法师至索叶城见叶护可汗，“可汗自目之甚悦，令使者坐，命陈酒设乐，可汗共诸臣使人饮，别索蒲桃浆奉法师……具有饼饭、酥乳、石蜜、刺蜜、蒲桃等。食讫，更行蒲桃浆”。葡萄文化在百姓日常生活中多有体现，寓意美满永久的爱情和幸福生活，是有关婚嫁庆典、儿女成长等祝福的文化。

5. 涉及葡萄与葡萄酒的音乐创作

人们常说艺术来源于生活，高于生活。但一个值得被所有人记住的主题是可以打动人的，可以被一直传承下去的。而“吐鲁番葡萄”是一个可以倾注心血去发掘的主题，用深度、高度展现艺术层面。将时间拉至当前，通过瞿琮先生填词，于1978年，人民音乐家施光南谱曲的《吐鲁番的葡萄熟了》（图1–3）把人们对祖国、对生活的爱和对情人的爱融合在一起，将简简单单的歌词融进了吐鲁番这片热土中。

吐鲁番的葡萄熟了

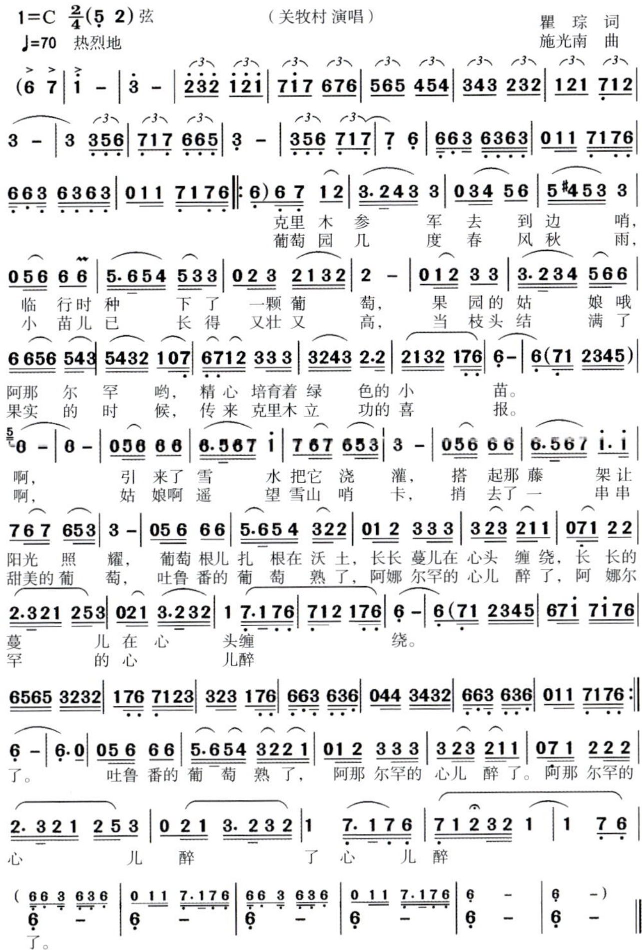

图1-3 《吐鲁番的葡萄熟了》词谱

二、出土文物

根据吐鲁番出土的葡萄相关珍宝文物，我们见证了随着时代变迁，葡萄和葡萄酒一路走来的绚丽和孤寂。

1．千年葡萄藤，留藤绿九州

根据文物出土鉴定，2003年出土于吐鲁番洋海墓地的葡萄藤（图1-4），呈深褐色，横截面为扁圆形，全长115cm，每节长11cm，最粗直径为2.3cm，藤上有5个芽节。许多研究专家认为，这是至今发现吐鲁番种植葡萄最早的实物见证，它印证了吐鲁番悠久的葡萄种植历史。考古专家对这一珍贵的植物标本进行测试，证实其距今已经有2300多年的历史，是我国目前发现的最早栽培葡萄的标本。

图1-4　千年葡萄藤

2．葡萄留文书，览阅知古今

在吐鲁番，除洋海墓地出土的古老葡萄藤外，阿斯塔那古墓也出土了葡萄实物，同时，在这座古墓中出土了大量记载葡萄的珍贵文书（图1-5）。据记载，在麴氏高昌时期，就有葡萄园租种账籍和买卖葡萄园的契约，可见当时这里种植葡萄已经很普遍了。

此外，在阿斯塔那古墓群里，发现有许多入殉葡萄果穗和枝条、葡萄种子、葡萄干等，在墓室内绘有庭院葡萄的壁画。阿斯塔那382号古墓出土文献中，有任命管理浇葡萄地的官方文件《功营条任行水官文书》（图1-6），其中记载“功曹书佐汜泰……今引水溉两部葡萄”，反映了当时高昌葡萄种植就有了一定规模。阿斯塔

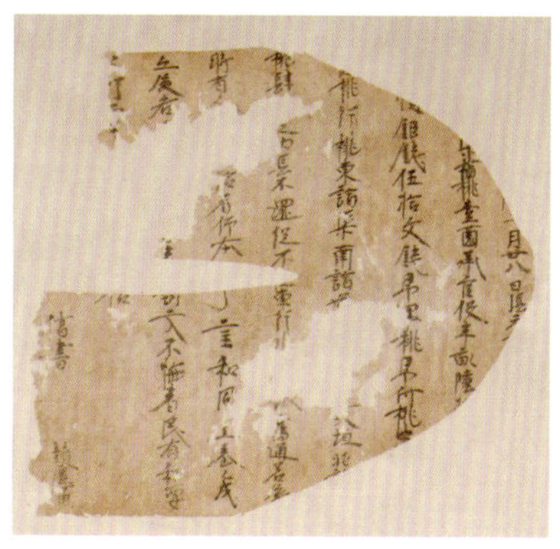

图1-5　出土文书

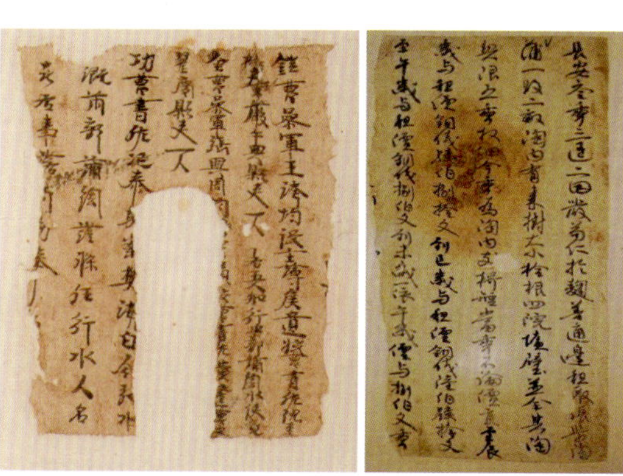

图1-6 《功营条任行水官文书》和《高昌张武顺等葡萄亩数及租酒帐》残件

那320号墓出土的《高昌张武顺等葡萄亩数及租酒帐》残件，保留了65个姓氏（寺院）葡萄园亩数、储酒、酒租等数据。同时期吐鲁番胜金口寺院遗址中，大殿北窟顶绘有葡萄满枝垂柳成荫图等，高昌故城遗址中还发现有生产葡萄酒的作坊。

吐鲁番出土的《高昌勘合高长史等葡萄园亩数账》和《高昌延长六年（566）吕阿子求买桑葡萄园辞》，就是有关葡萄园租种账籍和买卖葡萄园的契约，这两件文书说明，当时种植葡萄已很普遍。

唐朝在西州推行均田制，极大促进了农业经济的发展。农民在分配的自耕田里种植小麦、大麦、粟等农作物，大面积种植葡萄，酿制葡萄酒，形成了一种以个体小农为主体的自给自足的社会。作为丝绸之路上交通的要冲，西州成为东、西方贸易的大市场。

清朝治理吐鲁番初期，人口接近两万人，到1911年辛亥革命爆发前夕，人口达七万多人。随着人口的不断增加，坎儿井水利设施得到进一步推广，农业生产有了很大的发展，这里盛产的葡萄、瓜果、棉花等闻名中外。

3．庄园生活图，遥睹千古间

2004年，在阿斯塔那古墓中发现一幅反映墓主人生前生活的“庄园生活图”壁画（图1-7）和众多随葬品，壁画中有我国首次发现的葡萄酒酿制过程，在9m^{2}的墓室正面，长2.5m，宽约0.6m的壁画横分三栏，中间绘有墓主人家庭，即一夫妻和一妾坐于案前，天空中有“日像”“月像”，右边绘有井字形田地、藤蔓状葡

图1-7　庄园生活图（部分）

萄，并写有“蒲陶”“树”“马”字样，表现出墓主人田园经济的富有。左边绘有墓主人日常生活场景，墓主人骑马狩猎，有人推磨、酿酒、驯养骆驼等。整个画面构图简洁而内涵丰富，充分表现了1700年前当地葡萄种植和酿酒的生活场景。

4．葡萄酿醇液，风云酝余霞

阿斯塔那古墓的“庄园生活图”壁画，出土的葡萄干（图1–8）、文书，高昌故城遗址中发现的酿造葡萄酒的作坊、酒坛，以及柏孜克里克千佛洞大殿北窟中葡萄满枝垂柳成荫图等，成为我国葡萄酒酿造生产的文物记述，证实了吐鲁番是我国最早规模化种植葡萄、生产葡萄酒和葡萄干的产区。同时，在吐鲁番市景教遗址中发掘出了葡萄“酒窖”，说明当时吐鲁番地区葡萄酒酿造技术已成熟。

图1–8　出土的葡萄干

明代药学家李时珍在《本草纲目》中记载：“葡萄酒有二样：酿成者味佳，有如烧酒法者有大毒。酿者，取汁同曲，如常酿糯米饭法。无汁，用干葡萄末亦可。魏文帝所谓葡萄酿酒，甘于曲米，醉而易醒者也。烧者，取葡萄数十斤，同大曲酿酢，取入甑蒸之，以器承其滴露，红色可爱。古者西域造之，唐时破高昌，始得其法”。

今天的吐鲁番，继承延续着千年葡萄繁盛的历史传统，春天人们为葡萄出土上架，夏季为葡萄收获，秋天为葡萄下架埋土，冬天用葡萄酿造琼浆玉液……“葡萄美酒夜光杯”“吐鲁番的葡萄熟了，阿娜尔罕的心儿醉了……”“坎儿井的流水清，葡萄园的歌儿多……”“秋到葡萄沟、珠宝满沟流……”葡萄已经成为吐鲁番的支柱产业和重要的农业和旅游资源；葡萄、葡萄酒、葡萄干、葡萄歌舞、葡萄美食、葡萄庄园、葡萄酒庄、葡萄文化……葡萄已经成为吐鲁番最亮丽的名片，与吐鲁番人的生活密切相关，无法分离。

三、葡萄与葡萄酒产业发展历程

1．我国葡萄与葡萄酒发展历程概述

我国的葡萄酒最早记载于司马迁的《史记》中，从汉武帝建元年间张骞从西域引进葡萄到当代，我国的葡萄酒发展大致上经历了以下过程。

汉朝：葡萄酒业的开始和发展。汉朝时葡萄酒已经开始出现，当时葡萄酒仅限于贵族饮用，西汉中期，欧亚种葡萄被引进中原。

魏晋南北朝：葡萄酒业的恢复、发展与葡萄酒文化开始兴起。魏文帝喜爱并提倡饮用葡萄酒，使葡萄酒业得到恢复和发展。

唐朝：葡萄酒文化灿烂绚丽，葡萄酒的酿造从宫廷走向民间。

宋朝：我国葡萄酒业发展的低潮期。

元朝：葡萄酒业和葡萄酒文化的鼎盛时期，有大量的葡萄酒产品在市场销售。

明朝：蒸馏技术广泛应用，烈性酒开始增加，由于葡萄种植难以控制和酿造工艺的渐渐失传，葡萄酒的酿造发展每况愈下。

清末民初：葡萄酒业的转型期。由于我国西部经济政治稳定，葡萄得到大面积的种植，葡萄酒开始进入寻常的餐馆或社交场合。

19世纪：张弼士在烟台投资创办烟台张裕葡萄酿酒公司，开创中国葡萄酒工业近代之先河。

1949～1978年，我国葡萄酒产业蓬勃发展，主要产区扩大到5个，分别为东北区：包括黑龙江，吉林，辽宁。华北区：包括河北，北京，天津。山东区：包括山东全省。西北区：包括山西，内蒙古，陕西，宁夏，甘肃，新疆。南方区：包括四川，广西，云南，浙江等。这也是现今中国葡萄酒区域的基本雏形。

1978年以后，我国葡萄酒产业快速发展，无论是在产量、销量、品质，还是国人对葡萄酒的认知度上都有绝对性的提高。

1980年，中法合营王朝葡萄酿酒有限公司成立，也是全国第二家中外合资企业。

从1981年起，国家开发大西北，分别建立了新疆（鄯善）、甘肃（黄洋河）、宁夏（玉泉营）的第一片酿酒葡萄园和第一家葡萄酒厂。

1983年5月20日，中国第一瓶“北戴河”牌干红葡萄酒在原河北昌黎葡萄酒厂正式诞生。同年，在河北沙城，《干白葡萄酒新工艺的研究》科技成果由轻工业部食品发酵工业科学研究所（现为中国食品发酵工业研究院）完成发布。由沙城葡萄酒厂试制的干白葡萄酒在英国伦敦第十四届国际评酒会上获得银质奖，这是新中国酒类产品第一次在国外获奖。

1984年，由原轻工业部制定的我国第一个葡萄酒标准即QB 921—1984《葡萄酒及其试验方法》发布实施，结束了我国葡萄酒无标准生产的历史，葡萄酒行业开始了新的时期。

1985年，河北昌黎《葡萄酒生产新技术工业性实验》完成，史称“中国第一瓶干红”，这项技术推动了葡萄酒行业的整体发展。

1988～1993年，我国葡萄酒产量保持在2.5×10^5kL左右。

1994年，在原轻工业部QB 921—1984发布标准的基础上又同时发布了3个葡萄酒产品标准，即国家标准GB/T 15037—1994《葡萄酒》、行业标准QB/T 1980—1994《半汁葡萄酒》和QB/T 1982—1994《山葡萄酒》，同时将QB 921《葡萄酒及其试验方法》标准作废，制定了《半汁葡萄酒标准》。

1998年，为规范我国酿酒葡萄品种的名称、解决命名混乱的问题，以《酿酒葡萄的中文命名》为题，对国内现存品种进行了规范命名。并在1999年初的《华夏酒报》《中国食品报》《中国酒》和《中外葡萄与葡萄酒》两报两刊上发表。

1999年，我国葡萄酒产业开始高速发展。

进入21世纪后，中国葡萄酒在不断发展并获得国内外消费者认可的同时，外国葡萄酒也大量涌入中国市场，中国本土葡萄酒市场发展的劣势逐渐显现。

21世纪初开始，进口酒一直是国产葡萄酒的劲敌，在中高端市场的步步紧逼使国产酒份额下滑严重。

2005年，进口关税下降后，国外葡萄酒迅速涌入国内市场，其市场份额由2005年的9%持续上升至2011年的21%。

2006年，中华人民共和国质量监督检验检疫总局发布葡萄酒国标GB 15037—2006代替GB/T 15037—1994《葡萄酒》。

2012年之后，进口葡萄酒的市场占有率增速趋缓。

2013年，行业结束自1999年以来的高速增长。

2014年1月，国内首个葡萄酒庄列级管理制度——《宁夏贺兰山东麓葡萄酒产区列级酒庄评定管理（暂行）办法》正式施行；11月10日，中国国家质量监督检验检疫总局简化进口葡萄苗在进境口岸的检查时间，简化程序。

2015年，我国葡萄酒产量位居世界第九，我国葡萄酒消费量位居世界第五。

2016年，我国葡萄酒产量攀升至全球第6位。

2021年5月，国务院同意建设宁夏国家葡萄及葡萄酒产业开放发展综合试验区，并于同年7月正式在闽宁镇挂牌。这是国务院批准设立的我国西部第一个国家级农业类开放发展试验区，也是我国第一个国家级葡萄酒产业开放发展试验区，赋予了宁夏引领中国葡萄酒产业“当惊世界殊”的重大使命。

2023年，中国酒业协会统计全国葡萄酒行业完成酿酒总产量3×10^5kL，同比增长3.4%。

2. 吐鲁番葡萄与葡萄酒发展历程

吐鲁番，位于我国新疆的吐鲁番盆地。吐鲁番盆地面积广阔，受光照时间长，日温差较大，有利于吐鲁番产区葡萄糖分的累积，所以葡萄特别甜，这为当地打造葡萄酒产业提供了良好的原料支撑，能够帮助吐鲁番形成具有特色的葡萄酒产业。吐鲁番是葡萄的故乡，在中国的历史长河里，葡萄是丝绸之路上一串串璀璨的珍珠。

汉代司马迁的《史记·大宛列传》中首次记载“宛左右以蒲陶为酒”。

唐代《太平御览》记载，唐太宗从高昌国获得马乳葡萄种和葡萄酒酿造法后，不仅在皇宫御苑里大兴种植葡萄，还亲自参与葡萄酒的酿制。

明朝，这一时期因中原安定，烧制酒大量出现，限制了葡萄酒的发展。

1949～1950年，吐鲁番葡萄栽培面积已达$1.34 \times 10^7 m^2$，占全国葡萄总面积的20.1%，已是全国第一大产区。

1955～1959年，成立了鄯善县和吐鲁番市红柳河两个国内大型以葡萄为主的园艺场。

1976年，新疆第一家葡萄酒企业——吐鲁番鄯善葡萄酒厂（图1-9）成立，2007年更名为吐鲁番楼兰酒业有限公司（图1-10）。

图1-9 吐鲁番鄯善葡萄酒厂旧址

图1-10 楼兰酒庄

改革开放以后，吐鲁番是农业部授予的全国24个农业生产基地中唯一一个葡萄生产基地，同时又被自治区人民政府批准成立“吐鲁番葡萄商品生产基地”。

1982年，中国轻工业部在吐鲁番鄯善县园艺场建立的楼兰母本园成为新疆第一片酿酒葡萄园，是中国3个最古老的酿酒母本园之一，并成为目前3个母本园中唯一正常运转、拥有稀有黄金树龄及稀有酿酒葡萄品种的母本园。

1990年，吐鲁番市葡萄酒厂生产的“红柳牌”雪莲葡萄酒在西湖国际博览会上获金奖；同年，首届中国丝绸之路吐鲁番葡萄节在吐鲁番市体育场开幕。

1999年，吐鲁番地区开始实施葡萄产业化和品牌战略。

2001年，吐鲁番地区申请到国家级葡萄农业标准化示范区项目，当年通过国家农业部认证，创建了无公害葡萄生产基地。2002年，吐鲁番地区被评定为全国首批葡萄无公害生产基地。

2004年，吐鲁番葡萄成功申请“原产地域产品保护”。

2005年，“驼铃”葡萄酒商标获新疆著名商标称号，吐鲁番“红柳”葡萄获新疆名牌产品称号。

2006年，吐鲁番地区扩大瓜果和葡萄等经济作物的种植面积，实施“吐鲁番”大品牌战略，“吐鲁番葡萄”“吐鲁番葡萄干”区域公共品牌多次获得国家农业部发布的“最具影响力中国农产品区域公共品牌”称号。

2008年，《地理标志产品·吐鲁番葡萄》《地理标志产品·吐鲁番葡萄干》经国家质量监督检验检疫局和国家标准化管理委员会复审发布。

2010年，吐鲁番地区制定《吐鲁番葡萄地理标志产品保护管理办法》《吐鲁番葡萄地理标志产品保护实施细则》。

2013年，编制《吐鲁番地区2014～2020年葡萄及葡萄酒产业发展规划》，对吐鲁番葡萄及葡萄酒的长期战略进行定位，提出走一条特色的、长期的、稳步的、精品的国际化产业发展道路。

2023年，吐鲁番市委、市人民政府印发《吐鲁番市葡萄酒产业高质量发展工作方案（2023–2025）》。2023年中国六大考古新发现揭晓，“新疆吐鲁番市西旁唐宋时期景教寺院遗址”入选。目前，该遗址是中国境内发现的时间跨度较长、形制与功能清晰、规模最大、出土文物最丰富的景教遗址。在该遗址中发掘出了酿酒缸，还发现了酿酒残渣。

在吐鲁番市委、市政府的大力推动下，吐鲁番葡萄酒产区坚持区域品牌带动、龙头企业支撑、特色酒庄协同发展，结合“旅游+”“生态+”等模式，致力于打造多元复合业态的“葡萄与葡萄酒经济”，将发展葡萄酒产业作为推动吐鲁番经济社会发展的重要工作。培育出楼兰、驼铃、新葡王、車师、零海拔、火山红、亿茂等一批精品酒庄，建设酒庄（企业）共42家，其中取得SC生产认证的酒庄（企业）有23家，各类葡萄酒综合产能已达到10^5kL左右，一瓶葡萄酒，有效融合了一、二、三产业。未来，吐鲁番将紧抓中国（新疆）自由贸易试验区、丝绸之路经济带核心区建设有利契机，以全产业链建设为导向，以科技为支撑，以文化为依托，发挥独特的自然资源优势，高质量发展“吐鲁番葡萄酒”这个酒香四溢的甜美产业。

第二章

吐鲁番产区风土及优势

一、风土优势

吐鲁番自然条件独特，日照和无霜期长，光热资源丰富，优越的光热条件和独特的气候，为瓜果蔬菜提供了得天独厚的生长条件，使这里盛产葡萄、哈密瓜、反季节蔬菜等特色经济作物，是名副其实的“瓜果之乡”。

1. 地理位置

吐鲁番位于天山南麓，在北纬41°12′～43°40′，东经87°16′～91°55′，是天山东部一个东西横置的形如橄榄状的山间盆地（图2-1），东西长约300km，南北宽约240km，四面环山，北部为博格达山，南抵库鲁克塔格山，中部有火焰山和博尔托乌拉山余脉横穿境内，拥有广阔的平原和盆地。

吐鲁番处在全球种植酿酒葡萄的黄金气候带（北纬30°～50°），风土和地貌非常相似，是著名的葡萄与葡萄酒产区，其独特的风土条件为葡萄的生长和葡萄酒的酿造提供了得天独厚的优势，经过数千年的历史，从中国一个有千多年历史的古老葡萄与葡萄酒产区，演变成为当今中国乃至世界的优良葡萄与葡萄酒产区之一（图2-2）。

图2-1 吐鲁番地理位置（陈世伟 绘）

图2-2 世界特色美酒产区牌匾

2. 气候

吐鲁番属于典型的暖温带大陆性干旱荒漠气候，因地处盆地之中，四周高山环抱，增热迅速、散热慢，形成了日照长、气温高、昼夜温差大、降水少、风力强五大特点，素有“火州”“风库”之称。四季气候变化的特点是，春秋冬季短暂，夏季漫长，炎热干燥，由于北部天山的屏障作用，吐鲁番的无霜期每年达到268.6天，最长的年份达到324天，冬季寒冷少雪。

吐鲁番年平均气温在11～23℃。以火焰山为界，山南、山北的气候分区较明显，差别近2℃。盆地中低于海平面、高于海平面、戈壁、沙漠、山区的年平均气温也有差异。全年气温以1月（图2-3）最冷，7月（图2-4）最热，气温年较

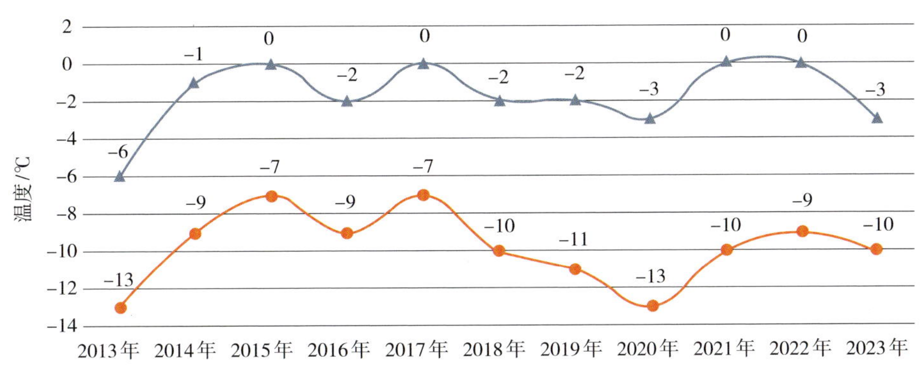

图2-3 吐鲁番市历史1月气温趋势

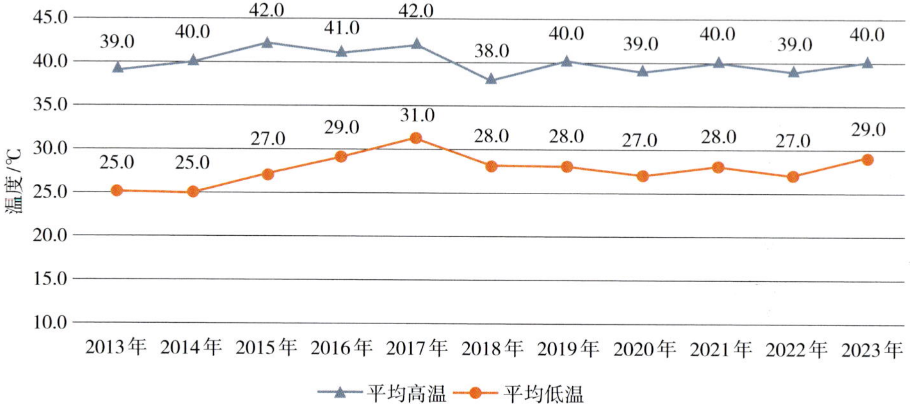

图2-4 吐鲁番市历史7月气温趋势

差40～47.5℃。春秋两季气温变化剧烈，尤其是春季，月升温速度平均约为10℃。这种气候有利于葡萄的生长和成熟，使吐鲁番的葡萄含糖量高、酸度适中，为酿造优质葡萄酒提供了良好的原料保障。

3. 土壤

吐鲁番盆地为北天山褶皱带东段山间构造断陷盆地，具有地槽型封闭自流盆地特征，有较厚的中新生界覆盖层，褶皱强烈，构造断裂较多。土壤类型较简单（图2-5），以棕漠土为主，多为沙质土和砾石土，成土母质主要为黄土状沉积物，

图2-5 吐鲁番市土壤类型分布图（陈世伟 绘）

土层较薄，土壤质地较粗，土体中粗砂、砾石含量高，以砂壤为主，土体表层结皮呈片状，多呈干燥状态，透气性好，排水性强，有利于葡萄根系的生长和发育，同时，土壤中含有丰富的矿物质和微量元素，为葡萄的生长提供了必要的营养条件。

4. 水源

吐鲁番水资源（图2-6）主要由天山水系、火焰山水系的地表水、地下水和中国古代三大水利工程之一的坎儿井（图2-7～图2-9）引水工程组成。

坎儿井，古代水利灌溉工程，同时也是水文化遗产，由竖井、地下渠道、地面渠道和蓄水池四部分组成，人们利用山的坡度，巧妙地创造了坎儿井，将春夏时节吐鲁番盆地北部的博格达山和西部的喀拉乌成山的大量地下潜流引来灌溉农田，其水量稳定、水质好，自流引用，不需动力，地下引水蒸发损失、风沙危害少，为葡萄栽培提供了充足的自流灌溉。

来自天山的冰雪融水水质优良，富含多种矿物质，对葡萄的生长和葡萄酒的酿造具有积极作用，清澈甘甜的水质为葡萄提供了充足的水分和养分，使葡萄品质上乘，所酿造的葡萄酒也醇厚甘美。

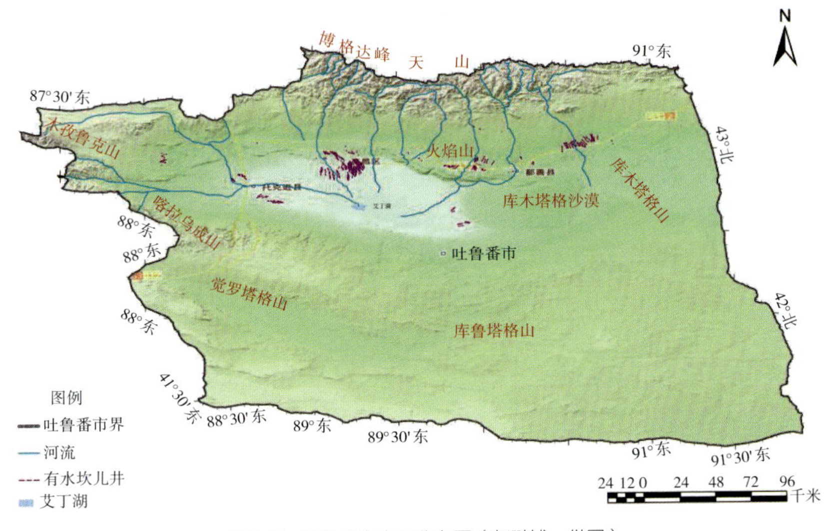

图2-6 吐鲁番市水系分布图（赵鹏博 供图）

图2-7　中国古代三大水利工程之一——坎儿井（吐鲁番市水利局　供图）

图2-8　吐鲁番坎儿井俯瞰图（吐鲁番市水利局　供图）

图2-9　吐鲁番坎儿井支流俯瞰图（吐鲁番市水利局　供图）

5．光照和温度

葡萄作为一种对光照和温度敏感的果树，其生长、发育和果实品质都与当地的气候特征息息相关。

吐鲁番产区的光照条件极为优越，年平均总辐射量为5938.3MJ/m^2，最多的年为6397.0MJ/m^2，最少的年为5648.2MJ/m^2，年中最大值出现在7月，为680.3～800.2MJ/m^2，春季大于秋季，全地区高达4.1×10^{13}J。全年总日照时数平均为3056.4h，年总日照时数最多达3349.6h，最少为2829.7h，年日照百分率为69%，全年10℃以上有效积温5300℃以上，充足的光照条件和昼夜温差促进了葡萄的生长和果实发育，提高了果实的糖度和着色度。

6. 交通区位

吐鲁番地处亚欧大陆腹地，是新丝绸之路和亚欧大陆桥的重要交通枢纽。兰新铁路、南疆铁路在这里交汇，与吐鲁番机场、G30线形成了“公路、铁路、航空”一体的立体交通运输体系（图2-10），具有“连接南北、东联西出、西来东去”的区位和便捷交通优势。

吐鲁番，作为古丝绸之路（图2-11）上一颗璀璨的明珠，葡萄与葡萄酒自此

图2-10 吐鲁番市交通区位图（陈世伟 绘）

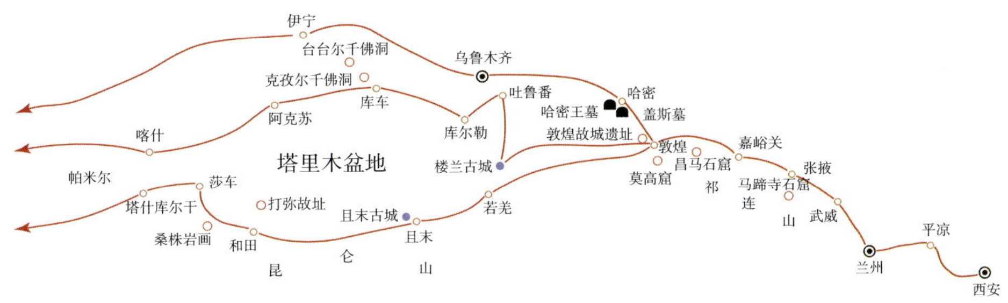

图2-11 丝绸之路

向东流入中原，让贵族士大夫趋之若鹜；新时代，面临“一带一路”的新机遇和新挑战，吐鲁番葡萄酒将搭乘“中欧班列”及新丝路顺风车，让酒香飘得更远。

二、文旅优势

吐鲁番旅游文物资源富集，已开发旅游景区（点）27处，其中：国家5A级景区1处、4A级景区5处、3A级景区5处；现有不可移动文物遗址1491处，世界文化遗产3处、国家级文物保护单位13处、自治区级文物保护单位56处。已发现文化遗址200余处，出土文物4万多件，历史上至少使用过18种以上古文字、25种语言，世界上的多种文化和宗教在此地交融交汇。

吐鲁番境内冰峰雪山、戈壁绿洲相依，火焰山、艾丁湖、葡萄沟、千佛洞、坎儿井相映成趣；石窟壁画、古葬墓群、寺院古塔互相烘托，民俗民情绚丽多彩，是祖国的一方塞外宝地。数量众多、风格独特的古代烽燧遗址、商队、美食和建筑，文化底蕴深厚、自然风貌独特、民俗风情浓郁，旅游景区多，且比较集中，为发展旅游业提供了得天独厚的优势。

同时吐鲁番是全国唯一一个具备葡萄全产业链地理标识产品的城市，有“吐鲁番葡萄”“吐鲁番葡萄干”“吐鲁番葡萄酒”3个地理标志产品，有葡萄酒庄42家，具有SC生产认证的酒庄23家，生产葡萄酒系列产品500余款。

资料拓展

葡萄赋（当代作家 王宇斌）

吐鲁番之葡萄，剔透玲珑，爽口醒心，实乃无上之妙品也！

尔其漫掩火洲，欣欣向荣。丹华焕彩，虬葛接虹。遍阡陌而遮荫郁郁，连蓬架而覆翠重重。祝融司方，炽心犹敬；羲和练日，莫可逞雄。淡看炎云之游走，枝叶繁茂；镇伏沙石而守静，韧茎如铜。于戈壁之热土，示范顽强；练坚硬之内质，昭示昌隆。苍骨鳞皴，任火焰山之灼灼；蔓络萧逸，听坎儿井之淙淙。丝绸之路，留下轻柔之梦幻；绿色展园，尽现曼妙之纵横。

而其俯含谦和，仰欲腾空。芳牵蝶影，慈护吟虫。博有所爱，惠及吟秋之野鹊；少有所需，匽伏盘根之螭龙。颗颗密簇，轻霜细染；株株挽系，和谐护拥。静里涵禅，从未牵名绕欲；金秋奉献，何曾系利邀功。无花而多果，只实不彰；酷暑而酿汁，宁干无空。不争为栋成梁，暗凝甜蜜；但求无愧此心，总呈初衷。

紫琳琅，耀灵包蜜；绿珍珠，涵晖葱笼。白水晶，光泽滋目；红翡翠，瑰丽映彤。蕴灵煜煜，呈骊珠之五色；聚星的的，闪烁目之瑶琮。冰河冻解，汇流潺潺；溪水酿花，润色融融。涵酝芳馨，霞映瑶池之云路，凝合玉液，景迷塞外之宾鸿。比象而金茎缀锦，入画可焦墨皴藤。留影而回眸忆念；串镯而佩带心同。

是色即淑，有景皆清；玉碗新荐，银盘方隆。可敬耆宿而增寿；待为亲朋以添盅。并耀夜光之佳醪，喜共君子而解酲。尝闻天狐垂涎，酸语妄加；王母开宴，仙果平庸。瑶池佳会，徐来仙客；淡香袭远，悄引金蜂。桃李赧颜，稍逊清冷纯爽；佳人挚爱，喜其养颜美容。入本草而延年，能养气而充精。

金秋之喜悦，撷取满筐歌韵；美目兮流盼，堪羡丽影拂风。老少欢娱，商贾云集；贤达毕至，歌舞纷呈。羽衣来而环佩闪，珠帐开而舞步从。月光架下，留下美丽之诱惑，瓜果桌前，陶醉少女之蒙胧。对此诗人叹咏，恋人情浓；菩提寓籽，青帝离宫。远呈丝路之甘美，重鉴古国之欣荣。弦奏高昌之宴乐，琴带交河之水声。一带流霞，堪羡人天合洽；千枝披绣，感恩民事勤恒。刚健之躯干，猛士劲毅之筋骨；水韵之露珠，姑娘多情之明瞳。别有清凉，留下多少欢笑；品味人生，何须来去匆匆。

诗曰：幽境怡情推胜地，弦歌佐酒乐休闲。悟得纯和心已醉，品出妙理梦犹甜。

1. “葡萄圣城”——吐鲁番

“吐鲁番的葡萄熟了，阿娜尔罕的心儿醉了”。吐鲁番是中外驰名的葡萄产区，是我国葡萄栽培历史最长、葡萄栽培面积最大、葡萄总产量最多、葡萄产品品质最为优良的葡萄集中产区，是全国葡萄产业类别最全（鲜食、制干、酿酒、制汁、制罐），一、二、三产业相互紧密结合的新型葡萄产业化生产基地。吐鲁番是中国最大的无核葡萄产区，世界北半球最大的无核白产区之一，世界四大葡萄干生产地之一，在中国葡萄产业发展过程中，无论是过去还是现在，都作出过巨大贡献。

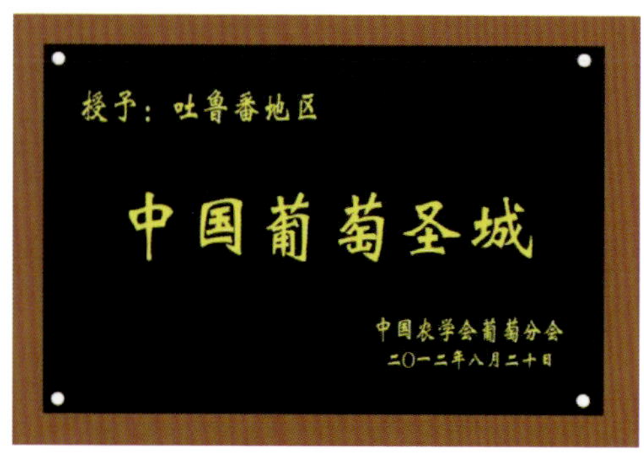

图2-12　中国葡萄圣城牌匾

2012年8月，中国农学会葡萄分会授予吐鲁番“中国葡萄圣城”荣誉称号（图2-12）。

2.“清凉之地”——葡萄沟

图2-13　吐鲁番葡萄沟

葡萄沟（图2-13）风景区素有中国葡萄之乡的美誉，位于新疆吐鲁番市区东北10公里的火焰山中，是一条南北长约8公里、东西宽约2公里的峡谷。因各种水果和树木遍布沟中，所以葡萄沟又有百花园、百果园的称号。这里还有神奇的千泪泉瀑布、传统葡萄酒酿制工艺浓缩地——西部酒城，风格迥异的民族风味餐厅等。走进葡萄沟风景区，游人无不徜徉在葡萄的海洋中，感慨大自然的神奇。葡萄沟景区内有布依鲁克河流过，主要水源为高山融雪，葡萄沟谷西岸，悬崖对峙，崖壁陡峭，犹如屏障，沟内溪流环绕，水质纯净，是一处幽静的避暑、观光、旅游胜地。

2022年7月14日，习近平总书记来到吐鲁番视察。在葡萄沟，习近平总书记察看吐鲁番特色水果展示，了解当地发展葡萄特色产业、促进文旅融合发展等情况。总书记嘱咐我们要正确处理经济社会发展和生态环境保护的关系，推动文化和旅游融合发展，打造富民产业。

3．“世界热极”——火焰山

火焰山（图2-14）是吐鲁番著名景点之一，位于吐鲁番盆地的北缘，山长约100km，最宽处达10km，海拔500m左右，主峰海拔831.7m。它主要由中生代的侏罗纪、白垩纪和第三纪的赤红色砂、砾岩和泥岩组成。因其炎热曾命其为“火山”。火焰山童山秃岭，寸草不生，飞鸟匿踪。每当盛夏，红日当空，赤褐色的山体在烈日照射下，砂岩灼灼闪光，炽热的气流翻滚上升，就像烈焰熊熊，火舌撩天，故名为火焰山。

图2-14　火焰山

火焰山，又宛如泼洒出的鲜红热烈的葡萄美酒，仔细勾勒出来的一幅神仙美卷。

明代晚期吴承恩将唐三藏取经受阻火焰山（图2-15），孙悟空三借芭蕉扇的故事写进著名古代小说《西游记》中，把火焰山与唐僧、孙悟空、铁扇公主、牛魔王联系在一起，使火焰山神奇色彩浓郁，成天下奇山。游人到火焰山，还能看

图2-15　西游师徒火焰山雕塑

到唐僧路过时的拴马桩——柱凌空的山石还屹立在胜金口内；远处一片平顶的山坡，则是唐僧上马的踏脚石；拴马桩东，隔峡谷有一高峰顶着一块活像长嘴的巨石，人称八戒石；一边看着奇景，一边说起孙猴子借铁扇公主芭蕉扇扇灭火焰山烈火的故事，此行便变得兴趣盎然。

4. 阿斯塔那古墓中的"琼浆玉露"

阿斯塔那古墓群位于新疆吐鲁番东南方向约42km处的火焰山南麓冲积地带，南距高昌故城约5km，也称作"阿斯塔那—哈拉和卓墓地"。整个墓群东西长约5km、南北宽约2km，占地约10km²。在吐鲁番地区阿斯塔那古墓中，时代为魏晋时期至唐代，距今1600多年的庄园生活图（图2–16），构图简洁，画工拙朴，有墓主人家庭，即一夫妻和一妾坐于案前。天空中有"日像""月像"。右边绘有井字形田地、藤蔓状葡萄，并写有"蒲陶""树""马"字样，表现出墓主人田园经济的富有。左边绘有墓主日常生活场景，有墓主人骑马狩猎，有人推磨、酿酒、驯养骆驼等，有一幅呈现了人们酿造葡萄酒的情景。

图2–16 阿斯塔那古墓庄园主生活图（部分）

5."非遗文化"——葡萄干晾房

走进吐鲁番，在高地、屋顶，或独立、或聚集，随处可见好似蜂房，四周镂空的建筑——葡萄晾房（图2–17）。晾房四面通风，一般建在农户自家屋顶上或离村镇不远的戈壁滩上，采用上晾下居的空间布局，节约建筑空间，是吐鲁番文化景观的典型特征。其建筑结构之巧妙、布局之合理、空间之实用，精细与敦厚、轻盈与厚重、规律砌孔与造型突兀、技术与美感并存，达成“浑然天成”的艺术效果，将这一巧夺天工的建筑之美体现的淋漓尽致。

图2-17　葡萄干晾房

6．中国丝绸之路吐鲁番葡萄节

中国丝绸之路吐鲁番葡萄节是为纪念丝绸之路开通2100年而设立的。1990年6月9日，吐鲁番葡萄节组委会在自治区人民会堂吐鲁番厅举行首次新闻发布会（图2-18），1990年8月首届“中国丝绸之路吐鲁番葡萄节”在吐鲁番市举办（图2-19），此后每年8月在吐鲁番举办中国丝绸之路吐鲁番葡萄节，这是全国至今唯一一个经国务院批准集经贸、文化、旅游为一体的“葡萄节”，迄今为止已举办了三十届（图2-20），是国内较有影响力的地方节日之一。

图2-18　首届中国丝绸之路吐鲁番葡萄节中外记者招待会

图2-19　首届中国丝绸之路吐鲁番葡萄节现场

图2-20　第三十届中国丝绸之路吐鲁番葡萄节

7．酒庄+旅游

吐鲁番享有“世界特色美酒产区”的美誉，是我国重要的葡萄酒产区之一。近年来，吐鲁番市充分利用葡萄酒产业及文化优势，积极打造以葡萄酒为核心，集葡萄园观光、葡萄酒酿造、葡萄酒品鉴、特色餐饮、文化休闲、生态旅游等为一体的葡萄产业链复合业态。

20世纪70年代，吐鲁番部分国有酒厂就利用无核白葡萄酿造葡萄酒，迈出了发展葡萄酒产业的步伐。目前，占地$4.06\times10^6m^2$、以葡萄酒文化为主题，集旅游、住宿、休闲、餐饮、养生、品酒、购物为一体的旅游休闲场所高昌区葡萄酒庄产业园，占地$1.4\times10^6m^2$的托克逊县赛尔墩葡萄酒庄产业园和鄯善县葡萄酒文化风情街等产业集聚区，日渐形成。如今，吐鲁番市各大酒庄的酒旅融合已渐成特色，葡萄与旅游产业进行多样性衔接，区域文化与当地特色文化相结合，推动了酒庄经济的多元化发展，展示了酒庄新成就，彰显了新形象。

三、政策优势

新疆葡萄酒产区是全国十个主要产区之一，而吐鲁番葡萄酒产区作为新疆四大产区之一占有重要地位，粗犷、宏大而美丽的风土赋予了葡萄酒优雅、细致而丰富的品质，充满了层次和多样性。

1. 国家

中国葡萄酒产业化发展起步较晚，历经产业壮大期、快速发展期、品质跃升期，如今正向高质量发展期迈进，为支持和促进全国葡萄酒产业高质量发展，中央各部委局及中酒协等团体组织在种产加销、人才培养、制度保障等方面制定和出台了《葡萄酒及果酒生产许可证审查细则》《中华人民共和国国家环境保护标准清洁生产标准—葡萄酒制造业》《中华人民共和国国家标准葡萄酒》《酒类流通管理办法》等一系列可行性政策和指导意见，对葡萄酒生产企业的基本生产流程及关键控制环节、必备的生产资源、产品相关标准、原辅材料要求、检验及判定原则等作了规定，对酿酒葡萄种植、葡萄酒生产到贮存、运输各过程的管理标准进行规范，2020年中央明确将“葡萄酒和饮料生产”纳入《西部地区鼓励类产业目录（2020年）》，为新疆葡萄酒产业发展注入了强大的信心。

2. 自治区

近年来，自治区相继出台《新疆维吾尔自治区葡萄酒产业发展规划（2019—2025）》《新疆维吾尔自治区葡萄酒产业“十四五”发展规划》《关于加快推进葡萄酒产业发展的指导意见》《新疆维吾尔自治区关于促进葡萄酒产业高质量发展的若干措施》，明确提出，依托丰富特色旅游资源，促进葡萄酒产业与文化旅游产业深度融合，培育形成一批新业态、新模式，引领带动新型消费，把葡萄酒产业打造成具有较强国际影响力的新疆特色产业。

自治区加快推进“八大产业集群”建设，研究出台一系列政策措施，积极培育和壮大葡萄酒特色产业。下一步，将进一步做大做强葡萄酒产业，把葡萄酒产业作为开放合作的平台、服务丝绸之路经济带核心区建设的载体和推进绿色发展的抓手，着力发挥产区优势，大力提升品牌价值，聚力打造龙头企业、全力推进融合发展，打造出具有较强国际影响力和竞争力的葡萄酒品牌。

2016年新疆首届丝绸之路葡萄酒节举办，目前已举办多届，逐渐成为具有较大影响力的地方节会，2023年8月19日，新疆丝绸之路葡萄酒节暨第二十九届丝绸之路吐鲁番葡萄节在吐鲁番开幕，充分展示了新疆葡萄酒产业资源优势，推介了新疆葡萄酒品牌名牌，拓展了葡萄酒商贸和旅游文化，加快了新疆葡萄酒产业发展。

3. 吐鲁番市

吐鲁番是我国优质葡萄和葡萄酒产区。近年来，吐鲁番市聚焦高质量发展首要任务，围绕把最甜蜜产业做甜，以葡萄酒为纽带，全方位展示吐鲁番葡萄与葡萄酒产业发展活力和文化魅力，在政策保障、葡萄科研、精深加工、品牌塑造、市场拓展等领域深化合作，共同挖掘葡萄产业“宝藏”、擦亮吐鲁番葡萄“金字招牌”。

2012年，吐鲁番被中国农学会葡萄分会授予“中国葡萄圣城”和“中国葡萄干生产加工物流中心”荣誉称号。

2013年，吐鲁番地区出台《关于加快吐鲁番地区葡萄及葡萄酒产业发展的实施意见》。

2014年，吐鲁番地区出台《吐鲁番地区2014～2020年葡萄及葡萄酒产业发展规划》。

2015年12月，国家质检总局批准对“吐鲁番葡萄酒”产品实施地理标志产品保护。

2016年，吐鲁番市人民政府发布《关于加强“三农”金融服务加快促进农牧业现代化的实施方案》，加大对葡萄酒庄电子交易平台、电子商务开发利用等经营项目的信贷支持。

2017年，吐鲁番市人民政府发布《关于加快葡萄酒产业发展的实施意见》。

2018年，吐鲁番市委、市政府发布《关于新时代加快葡萄产业发展的意见》。

2019年，吐鲁番市政府发布《吐鲁番市关于进一步促进农产品加工业发展实施方案的通知》，加大葡萄酒庄企业的扶持力度，促其做大做强，打造吐鲁番产区葡萄酒品牌。

2020年，《吐鲁番市国民经济和社会发展第十四个五年规划和2035 年远景目标纲要》出台，专题章节要求培育和发展葡萄酒产业。

2021年，吐鲁番市葡萄酒产业发展专班办公室印发《推进吐鲁番市葡萄酒产业高质量发展实施方案》《吐鲁番市葡萄酒产业“十四五”发展规划》;《吐鲁番产区葡萄酒》地方团体标准也正式发布。

2022年，吐鲁番市人民政府发布《2022年吐鲁番市推进葡萄酒产业高质量发展工作要点》。

2023年，吐鲁番市委、市人民政府印发《吐鲁番市葡萄酒产业高质量发展工作方案（2023～2025）》。

吐鲁番市葡萄产业发展促进中心汇编出版了《吐鲁番葡萄酒标准体系》（图2–21），积极对接中酒协，举办酿酒师培训班，为产区培养专业人才，推动产业发展，提供平台并制定了《吐鲁番产区葡萄酒》《吐鲁番葡萄酒标准体系总则》《吐鲁番产区葡萄酒生产技术要求》等标准。

T/TPCX
吐鲁番市葡萄酒产业协会团体标准
T/TPCX 002—2021
吐鲁番葡萄酒标准体系总则
2021—10—18 发布　2021—10—20 实施
吐鲁番市葡萄酒产业协会　发布

T/TPCX
吐鲁番市葡萄酒产业协会团体标准
T/TPCX 001—2021
吐鲁番产区葡萄酒
Wines in Turpan Region
2021—08—02 发布　2021—09—01 实施
吐鲁番市葡萄酒产业协会　发布

图2–21　吐鲁番葡萄酒相关标准制定情况

第三章

吐鲁番产区特色葡萄种植

一、主要葡萄品种

1. 无核白

鲜食、制干、制汁兼用品种。原产地小亚细亚。别名阿克基什米什、基什米什、吐尔封、汤姆逊无核、阿克喀什米什、无籽露、汤姆逊、Sultanina。

品种特点：嫩梢呈黄绿色，有极少细绒毛。幼叶呈黄绿色，薄，有光泽，上、下表面光滑无绒毛；成龄叶为圆形，中等大，下表面无绒毛。具有生长势强，两性花，丰产的特点。栽培要求高温、干燥、光照充足的气候条件。多主蔓整形，以中、长梢修剪为主。成熟期遇降雨或灌水过多，易裂果。抗旱、抗高温性强，抗寒性中等。果穗为长圆锥形或圆柱形，有歧肩，平均穗重227g。果穗大小不整齐，果粒着生紧密或中等密。果粒呈椭圆形（图3-1），黄白色，粒重1.2～1.8g。果粉薄。果皮薄，脆。果肉为半透明的淡绿色，脆，汁少，味甜。可溶性固形物含量为15%～21%，可滴定酸含量为0.3%。无种子。

酿酒特点：在吐鲁番一般用于酿造干白、甜白、蒸馏酒、白兰地等。

图3-1　无核白葡萄

2．沙布拉维

红色酿酒葡萄品种。原产格鲁吉亚，别名晚红蜜、沙别拉维。

品种特点：植株生长势中等，芽眼萌发率高，结实力强且产量高，抗病与抗逆性较强。嫩梢呈绿色，幼叶呈黄绿色，一年生枝呈深褐色。成龄叶片为心脏形，叶柄洼闭合呈圆形，秋叶呈红色。两性花。果穗为中等大小，呈圆锥形带歧肩，果粒着生较紧，果粒大小中等，呈椭圆形（图3-2）、蓝黑色。百粒重250～280g，每果有种子1～3粒，皮厚多汁，汁色深红，味酸甜。浆果含糖量为170～190g/L，含酸量为8～10g/L，出汁率为76%～80%，含糖量较高，色泽深。

图3-2 沙布拉维葡萄

酿酒特点：吐鲁番的沙布拉维葡萄酒呈深宝石红色，色艳，清香幽郁，酒质肥硕，贮后酯香浓厚，除酿造干红、红葡萄酒外，沙布拉维还是调色、调香的良种。

3．柔丁香

吐鲁番特有的葡萄品种，欧美杂交种。晚熟，鲜食、制汁、酿酒兼用品种。

图3-3 柔丁香葡萄

品种特点：植株生长势中等。产量较低。副梢生长势强。嫩梢呈绿色，略带紫红色晕。幼叶呈绿色或黄绿色，上、下表面均有浓密白色绒毛。成龄叶片呈心脏形，中等大，下表面有浓密的黄褐色绒毛。叶片有5裂，中裂片较长，上裂片形状较尖，上裂刻中等深或深，下裂刻浅。两性花。果穗呈圆柱形或圆锥形，带副穗。果穗小，穗重145～215.9g。果粒着生疏散（图3-3），少数着生紧密。果粒呈椭圆形，绿黄色，成熟不一致，中等大，平均粒重3.2g。果粉和果皮厚。果肉透明而柔软，有肉囊，汁多，味甜，有浓草莓香味。每粒果含种子2～3粒。可溶性固形物含量为20.3%，可滴定酸含量为0.43%，出汁率为75.6%。鲜食品质为中上等。用其制汁，汁呈黄绿色，味甜，爽口，风味非常好。

酿酒特点：吐鲁番柔丁香酿造的半甜型、甜型葡萄酒，有浓郁草莓、麝香、玫瑰的香气，酒体饱满、圆润。

4. 北醇

欧山杂交种，鲜食、酿酒兼用的红色葡萄品种。

品种特点：原产于中国，是由玫瑰香（Muscat Hamburg）与山葡萄杂交而成的新品种，1954年由中国科学院植物研究所北京植物园培育而得。嫩梢呈黄绿色，梢尖开张，密生灰白色绒毛。幼叶呈黄绿色，带浅紫红色晕，上表面有光泽，下表面有黄白色绒毛；成龄叶呈心脏形、大，主要叶脉呈浅绿色，上表面较光滑，下表面有黄灰色短刚毛、并有绒毛；叶片有5裂，中裂片长，上裂刻深，下裂刻中等深。两性花。果穗呈圆锥形，有副穗，平均穗重259g。果粒呈圆形或近圆形（图3-4），紫黑色，平均粒重2.6g。果粉厚。果皮较薄。果肉较软，稍有肉囊，果汁多，味酸甜，可溶性固形物含量为19.1%～20.4%，可滴定酸含量为0.75%～0.97%，出汁率为77.4%，酿酒品质中上等。一般每个果粒含2粒种子。适应性极强，抗寒、抗旱、抗湿力均强，丰产，含糖量高。

图3-4　北醇葡萄

酿酒特点：吐鲁番的北醇葡萄酒呈宝石红色，澄清透明，柔和爽口，酒香良好，回味悠长，具有山葡萄酒的风味。

5. 赤霞珠

红色酿酒葡萄品种。欧亚种，原产地为法国波尔多，别名卡本内·苏维翁、

Petit-Cabernet、Vidure、Petit-Vidure、Bouchet、Bouche、Petit-Bouchet、Sauvignon Rouge。

品种特点：嫩梢呈黄绿色，光滑无绒毛。幼叶呈黄绿色，上表面有光泽，下表面有极密的灰白色绒毛，叶缘呈粉红色；成龄叶呈心脏形，中等大，上表面平滑，下表面绒毛稀；叶片深5裂，裂刻深。两性花。果穗呈圆柱或圆锥形，带副穗，平均穗重175g。果粒着生中等紧密。果粒呈圆形，紫黑色（图3-5），平均粒重1.3g，可溶性固形物含量为20.8%～21.7%，含糖量为19.4%，含酸量为0.71%，出汁率为62%，品质上等。生长势中等，产量较高。喜肥水，适应性强，较抗寒。抗病性较强。果皮较厚，单宁和色素含量高。

图3-5 赤霞珠葡萄

酿酒特点：吐鲁番的赤霞珠葡萄酒有桑葚、樱桃等黑色水果香气，有青椒、芦笋、绿橄榄等植物香气，有胡椒、灯笼椒、大茴香等香料香气；经橡木桶陈酿后，具有香草、烘烤类的香气；经瓶储陈年后会有雪松、雪茄盒、麝香、蘑菇、泥土、皮革等气味。

6. 马瑟兰

酿酒葡萄品种，属于中晚熟、红葡萄品种。原产地法国，别名马赛兰、马瑟蓝。

品种特点：1961年法国农业研究中心将赤霞珠与歌海娜杂交获得了马瑟兰。经过杂交选出的马瑟兰不但继承了父本歌海娜坚实有力的结构，也继承了母本赤霞珠的优雅，酿酒品质优。果穗较大呈圆锥形（图3-6），略松散，果粒较小，出汁率偏低。在合理控制产量（500kg/亩）的前

图3-6 马瑟兰葡萄

提下，能够达到很好的成熟度，可溶性固形物含量为23%～24%，可滴定酸含量为0.5%～0.7%。生长势中等，较抗灰霉病。马瑟兰于2001年被引入中国，许多专家认为，马瑟兰非常适合中国人的口味，是一个很有发展潜力的葡萄品种。

酿酒特点：吐鲁番的马瑟兰葡萄酒颜色为紫黑色，中等酒体，果香浓郁，具有荔枝和覆盆子的香气，隐约还有黑巧克力和中药的气味，入口柔顺，较平衡，贯穿的香气令人愉悦，回味中等。

7．雷司令

白色酿酒葡萄品种，欧亚种，原产地德国，别名雷斯林、里斯林、白雷司令、莱茵雷司令。

品种特点：嫩梢呈黄绿色，带紫红色，有稀疏绒毛。幼叶呈绿色，上表面有光泽，茸毛稀疏，下表面密生绒毛；成龄叶呈心脏形，中等大，上表面有网状皱纹，下表面绒毛稀疏；叶片5裂，上裂刻中等深，下裂刻浅。两性花。果穗呈圆锥形，带副穗，平均穗重190g。果粒着生极紧密。果粒近圆形（图3–7），呈黄绿色，有明显黑色斑点，平均粒重2.4g。果粉和果皮均中等厚。果肉柔软，汁多，味酸甜，总糖含量为18.9%～20.0%，可滴定酸含量为0.88%，出汁率为67.0%，酒质优。植株生长势中等，产量高，早果性较好。浆果晚熟。适合在干旱、半干旱地区种植，抗寒性强，耐干旱和瘠薄。抗病力较弱，易感毛毡病、白腐病和霜霉病。

图3–7 雷司令葡萄

酿酒特点：在吐鲁番常用于酿制干型到甜型的各类葡萄酒。吐鲁番雷司令葡萄酒都带有非常精细、丰富的香气，果香花香多样，从品种香气的玫瑰、紫罗兰、燧石、苹果、西柚、梨、桃子、杏、芒果、香蕉、柠檬、橙、菠萝、蜂蜜到陈酿香气的煤油、火石、金属矿石等。

8. 霞多丽

图3-8 霞多丽葡萄

酿酒葡萄品种，白葡萄品种。原产地法国勃艮第，别名莎当尼、布诺瓦。

品种特点：嫩梢呈绿色。幼叶呈深绿，上、下表面绒毛均稀，叶缘呈淡红色；成龄叶呈心脏形，中等大，上表面网状皱褶，下表面绒毛稀，叶片全缘或3裂。果穗带歧肩，呈圆柱形，带副穗，平均穗重142.1g。果粒着生极紧密。果粒近圆形（图3-8），呈绿黄色，平均粒重1.4g。果皮薄，粗糙。果肉软，汁多，具清香味，含糖量为20.3%，含酸量为0.75%，出汁率为72.5%。耐寒，对土质的要求是带泥灰岩的石灰质土壤，生长势强，早果性好，结实力强，易早期丰产。

酿酒特点：吐鲁番的霞多丽葡萄酒呈淡黄色，澄清透明，通常具有菠萝、哈密瓜、青苹果或梨等香气，醇和润口，酸味恰当，回味好，有独特的风味，酒质上等。

9. 美乐

图3-9 美乐葡萄

红色酿酒葡萄品种，欧亚种，原产地为法国波尔多。别名梅鹿辄、梅乐、梅洛等。

品种特点：嫩梢呈绿色，带紫红色，绒毛中等密。幼叶呈绿色、带玫瑰红色，上、下表面绒毛均极密。成龄叶呈心脏形、大，上表面平滑、下表面绒毛稀；深5裂，裂刻深。两性花。果穗带歧肩，呈圆锥形，带副穗，平均穗重189.8g。果粒着生中等紧密或疏松。果粒呈短卵圆形或近圆形、紫黑色（图3-9），平均粒重1.8g。果皮较厚，色素丰富。果肉多汁，具柔和的青草香味。含糖量为20.8%，含酸量为0.71%，出汁率为74.0%。生长势强。早果性好，丰产。

酿酒特点：吐鲁番美乐葡萄酒颜色较深，有樱桃、草莓、桑葚等果香，在陈年过程中还会产生李子干、灌木丛、香料等诱人气味，单宁丰润柔滑，充盈着丝绸的质感。

10. 白羽

白色酿酒葡萄品种，欧亚种，原产格鲁吉亚，是当地最古老的品种之一。别名尔卡齐杰里、白翼、苏58号。

品种特点：嫩梢呈绿带紫红色，有绒毛。幼叶呈黄绿色，中等厚，叶脉间带红褐色，有光泽，叶面有绒毛，叶背绒毛浓密。一年生成熟枝条呈深红褐色，枝条直立性特强。成龄叶片中等大，呈心脏形，边缘略向上卷呈漏斗状，3～5裂，上侧裂深，下侧裂浅或中；锯齿锐而密，叶面有网状皱褶，叶背有稀疏绒毛。两性花。果穗中等大或较大，平均穗重429g，呈圆锥形或圆柱形，有大或中等副穗，常形成对称歧肩，呈翼状，故又名“白翼”。果粒着生紧密，平均粒重2.5g，椭圆形，呈黄绿色（图3-10）；可溶性固形物含量为19.5%。含酸量为0.83%。中晚熟品种，植株生长势较强，抗寒、抗旱、抗霜霉病的能力较强，抗白腐病的能力中等，不裂果，无日烧病，但不抗白粉病。

图3-10　白羽葡萄

酿酒特点：吐鲁番的白羽葡萄酒一般是酒体较轻的干型、半干型葡萄酒，散发着核果、苹果和海棠花的香气。

11. 白诗南

白诗南原产自法国罗亚尔河谷，属于欧亚种。1980年从德国引入中国，在河北、山东、陕西、新疆等地有栽培。

品种特点：植株生长势中等或较强，丰产，为中晚熟品种。较抗寒，抗病力中等或较强，不裂果，无日烧。嫩梢绿色，梢冠被白色绒毛。幼叶绒毛极密，成龄叶片中等大小，近圆形，锯齿尖锐，深五裂，叶面呈网状皱或小泡状，叶背密生绒毛，主叶脉和叶柄呈暗红色，叶柄洼闭合呈裂缝形。两性花。

酿酒特点：有蜂蜜、矿石和花朵气味，酸度高，可酿造甜白酒、白酒、气泡酒、加烈酒、蒸馏酒等。

图3-11　白诗南葡萄

二、葡萄的年生长周期

葡萄一年会经过8个生长期，分别为伤流期、萌芽期、开花期、幼果期、转色期、成熟期、木质化期以及休眠期。

1. 伤流期

吐鲁番葡萄的伤流期一般在3月中下旬。当日均空气温度上升到10℃左右，地温上升到6℃以上时，根系开始活动，树液开始流动。这时如果对葡萄进行修剪或不慎使植株造成伤口，就会从剪口或伤口处流出大量树液，这种现象叫伤流（图3–12）。

伤流液的主要成分是水，但还含有少量的营养物质，过多的伤流不利于葡萄植株的生长。伤流开始的早晚、伤流量的多少与温度、湿度有密切关系。土壤湿度大，伤流量也大；土壤干旱，伤流就不会发生。

伤流期长短随当年气候条件和葡萄品种而定，一般为7～10天。伤流是根系开始旺盛活动的一个标志，这一时期要加强土壤管理，使土壤保持适宜的温度和湿度，尽量避免枝蔓形成新的伤口。

图3–12　葡萄伤流

一般伤流结束后7～10天，葡萄即开始萌动。

2. 萌芽期

吐鲁番葡萄的萌芽期根据地域而不同，以火焰山为界，山南一般在3月下旬，山北在4月上旬。当气温上升到10～12℃时，大部分品种开始萌芽（图3-13），品种间开始萌芽的时间早晚有所差异。葡萄萌芽展叶后，花序原基在上一年分化的基础上继续发育，依次分化出花萼、花、雄蕊、雌蕊，同时也开始形成第二和第三花序。

从萌芽到开花期也是新梢迅速生长期（图3-14），昼夜最快可生长6～10cm，一般新梢在开花期要长到全长的60%以上。同时，此期地温已达10～15℃，也是新根迅速生长期。这一阶段持续时间为30～45天。葡萄的萌芽、新梢和根系的生长以及花序的分化，都需要大量营养，要加强肥水管理，并要及时抹芽和绑蔓，促使新梢旺盛健壮的生长。

图3-13　葡萄萌芽

图3-14　葡萄新梢生长

3. 开花期

吐鲁番葡萄的开花（图3-15）一般在5月上旬至中旬。当气温上升到20℃左右时，葡萄进入开花期，葡萄开花采用帽状脱落的方式。葡萄花期长短与气候和品种有关，天气晴朗时，开花期多为6～7天，气温越高，花期越短。开花期遇上低温，不但花期变长，而且正常的授粉受精也受到严重影响。葡萄的开花期也正是第二年花芽的开始分化期，同时在这一阶段，枝、叶生长都需要消耗大量的营养物质，所以此期是葡萄管理的关键时期，也称水肥临界期。生产上必须加强管理，及时摘心，控制副梢生长，改善通风透光条件。对花序较多、较大、落花落果品种，可在花前3~5天摘心，进行花期喷施硼肥和人工辅助授粉等，以提高坐果率，减少大小粒现象。

图3-15　葡萄开花

4．幼果期

吐鲁番葡萄的幼果期（图3-16）一般在5月中下旬到6月下旬。葡萄果肉细胞迅速分裂、扩大，但果实仍保持绿色，质地坚硬，有机酸含量不断增加，在接近转色期时达到最大值，并开始糖的积累，这一时期一般持续4~7周。在幼果期，新梢延长生长虽然比较缓慢，但加粗生长仍在不断进行，这时也正是越冬芽眼中花序突起形成的关键时期，必须加强肥水管理，适时增施磷、钾肥料。同时要注意架面管理，改善通风透光条件，加强病虫防治，保护叶片正常生长。

图3-16　葡萄幼果

5．转色期

吐鲁番葡萄的转色期一般在7月上旬至中旬。这一时期浆果不再膨大，果皮

图3-17　葡萄转色

叶绿素大量分解，白色品种果色变浅，丧失绿色，呈微透明状；有色品种果皮开始积累花青素，葡萄果皮的颜色开始发生变化，由绿色逐渐转为红色、深蓝色（图3-17）等。浆果含糖量升高，含酸量下降，同时葡萄中单宁和芳香类物质含量开始升高，可溶性物质开始积累。这一时期持续2～4周。

葡萄进入转色期，新梢延长生长比较缓慢，但花芽分化仍在继续，施肥遵循高钾、中磷、低氮的原则，适量补充中微量元素，高氮不仅不利于糖的积累，而且不利于果实转色，磷对果实着色有利，钾既能促进果实中糖的积累，又能促进糖分由叶片和枝条向果实运输，钙可以增加浆果的糖分和香味，硼有利于芳香物质的形成，提高糖度改善浆果品质，钛元素能直接促进果实花青素的形成；需小水勤灌，切勿经常大水漫灌，易造成裂果和转色不匀。

6．成熟期

吐鲁番葡萄的成熟期一般在7月中旬到8月上旬。这一时期浆果再次膨大，逐渐达到品种的固有大小和色泽，有机酸含量迅速降低，含糖量增高，表现出品种固有的品质特征。这一时期持续3～5周，浆果达到成熟即可采收。当浆果成熟以后，果实与植株其他部分的物质交换基本停止。浆果中的相对含糖量由于水分的蒸发而增高，浆果进入过熟期。过熟作用可以提高果汁中糖的浓度、改变糖分的组成，这对酿制高酒精度、高糖度的葡萄酒是必需的。葡萄成熟（图3-18）前后葡萄新梢开始木

图3-18　葡萄成熟

质化，花芽继续分化，贮藏的养分开始向根部输送。这一阶段要注意保护好叶片，使叶片保持较高的光合速率，以保证果实内有更多的糖分积累，同时要严格控制氮肥和水分；雨水过多时，要防止葡萄裂果和病虫害。

7. 木质化期

吐鲁番葡萄的木质化（图3-19）期一般在9～10月。这一时期葡萄新梢继续生长并成熟。葡萄新梢成熟是由下向上进行的，开始时基部1～3节枝条逐渐变成褐色，表皮木栓化，深秋时随着气温下降，叶片光合作用减弱或停止，叶色由绿色变成黄色或红色，叶柄产生离层而脱落。新梢成熟得越好，在冬季前通过的低温锻炼就越充分。经过低温锻炼的枝条，抗寒能力显著提高。此期内，除促进新梢迅速成熟外，还应注意早施基肥。果实采收后及时施足基肥不但能提高土壤温度，防止根系受冻，同时能为来年葡萄的生长发育奠定良好的基础。

图3-19 葡萄枝条木质化

8. 休眠期

吐鲁番葡萄的休眠（图3-20）期一般在11月到次年3月上旬，可划分为两阶段，即自然休眠期（生理休眠期）和强迫休眠期。一般认为落叶是自然休眠开始的标志，是植株生物钟引起的休眠。完成自然休眠期要求一定的低温（0～7.2℃）和低温持续的时间，也称为“需冷量”，需冷时间的长短因品种而异。自然休眠

图3-20　葡萄埋土休眠

期之后，植株即进入强迫休眠期。这一时期，尽管植株已度过自然休眠期，具备了萌芽生长的内在准备，但外界温度不能满足它开始生长的温度要求，使植株仍处在休眠状态，如果这时温度、湿度适宜，则可开始正常生长。休眠是植物本身对环境适应的一种表现，当自然休眠不完全时，植株表现出萌芽延迟且不整齐，甚至开花期也随之延迟。

三、关键种植技术

1. 新建葡萄园

（1）园地选择与规划

建园时应选择熟地，以沙壤土、轻沙壤土和轻黏土为宜，水质、空气无污染。新建园地选定后，要进行林、路、渠综合规划。

（2）条田设置与平整

葡萄园的条田以长方形为宜，长边应与主林带平行。对于凹凸不平的土地，应削高填低，使其成为具有适宜坡度的田面或水平田面。对于坡度较大、高低不平的大地块，应分片区或阶梯形平整。

（3）防护林与道路设置

林带设置应该遵守窄林带、小网络的原则。主林带株行距2m×2m，副林带1m×4m（双行）。树种一般以杨树混交林为宜，葡萄园的林带以一林两路配置为宜。主路宽一般为6～8m，支道4～6m。

2. 苗木定植

（1）定植时间

春季：火焰山南为3月上中旬，火焰山北以3月中下旬定植为宜。

秋季：可在9月下旬～10月上旬进行，定植后浇2～3次水，埋土过冬。

（2）株行距

行距为4.5～5m，株距为1～1.5m。

（3）定植沟

挖宽为0.8～1.0m、深为0.8m的定植沟，挖沟时，表土和心土分开堆放。沟的最底层可铺一层秸秆或粉碎后的葡萄枝条，每亩施腐熟的有机肥4～5m^3，先将肥料与表土拌均匀，然后回填至灌水沉实后距地表0.3m的沟内。

（4）定植方法

定植前对过长的葡萄苗木根系进行修剪，一般留0.15～0.2m，修剪后用兑好水的生根粉浸泡根系2～6h。定植时将苗木根系舒展开，踩实后立即浇水。栽植深度一般以埋土到根茎处或覆盖根系上部0.02～0.04m为宜。尽量避免中午高温时段定植，定植时可采用地膜覆盖。

（5）定植后管理

浇足定植水后，根据土壤的情况每15～20天浇水一次，沙土、沙壤土要多浇几次。吐鲁番6～8月时天气炎热，应注意浇水量和浇水次数。待新梢生长至0.3m左右时，立支柱，将新梢绑缚其上。当葡萄出现卷须时，开始追施尿素，亩用量为15～20kg，分2～3次施入。副稍留1～2片叶用于摘心，秋季摘心并控制水量，以加速新梢成熟，未成活的苗木要及时挖出，进行补栽。

3. 架式

（1）改良式棚架

在原有小棚架的基础上进行改良。将根柱、梢柱挪至葡萄栽种沟内或两侧，根柱地上部分提高到170cm，梢柱地上部分提高到190cm，立柱埋置深度不得少于50cm，棚面上每隔40～50cm拉一道铁丝，形成前高后低的架面。

架材准备

水泥立柱：采用实心水泥立柱，每根立柱中包含4根5#钢筋。中柱规格：10cm×10cm×240cm（梢柱），10cm×10cm×220cm（根柱）。边柱规格：12cm×12cm×260cm（梢柱），12cm×12cm×280cm（根柱）。

木头椽子：中柱规格：长度500cm，小头直径6cm以上，边柱规格：长度500cm，小头直径10cm以上。

铁丝：镀锌铁丝。

地锚：10cm×10cm×60cm水泥柱。

搭架

埋设水泥立柱：立柱栽植行的确定，立柱在根柱和梢柱之间的距离根据葡萄栽植行的不同来确定。

葡萄栽植行距小于450cm（图3-21），将根柱和梢柱均挪至葡萄栽植沟内或两侧（图3-22）。

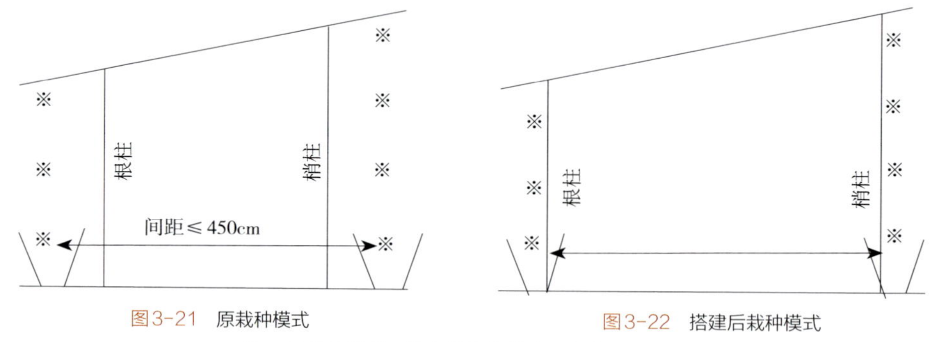

图3-21 原栽种模式　　图3-22 搭建后栽种模式

注：※代表葡萄V代表葡萄栽种沟，沟宽80～120cm

葡萄栽植行距大于450cm（图3-23），将根柱挪至栽种沟边，梢柱向行内挪移180cm以上（图3-24）。

确定立柱埋设点：首先确定每行两端边柱的位置，然后以每行两个边柱为端点拉线，每400cm打一个点，即中柱位置。

挖坑：根据点位进行挖坑，坑深50cm。

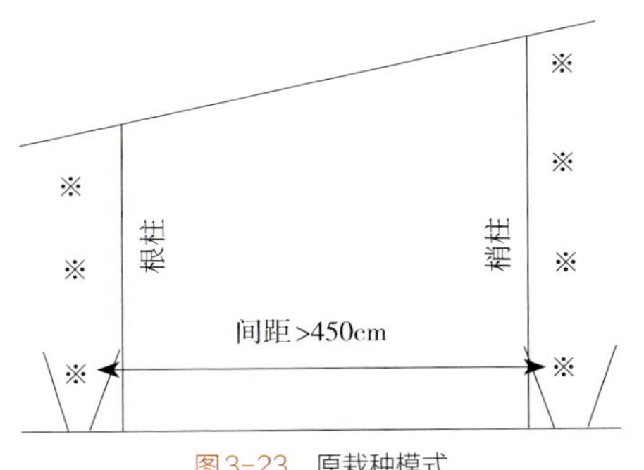

图3-23 原栽种模式

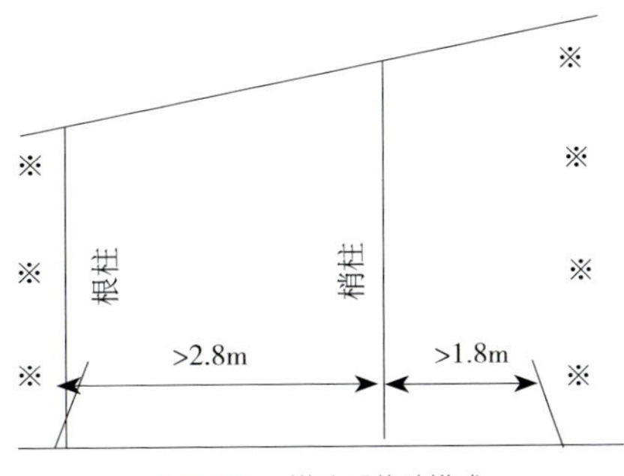

图3-24 搭建后栽种模式

注：※代表葡萄，V代表葡萄栽种沟，沟宽80～120cm

埋设立柱：立柱埋深50cm，根柱地上部分高度170cm，梢柱地上部分高度190cm，埋设立柱时确保立柱在同一直线和水平高度。边柱均向外倾斜15°～35°，在垂直高度上比中柱高出10cm。

搭建横梁：边柱椽子绑在根柱和梢柱外侧，用8＃镀锌铁丝固定；中柱椽子较粗一端搭在根柱顶端，另一端搭在梢柱顶端，并用8＃镀锌铁丝固定，构成改良式棚架的骨架。

埋设地锚：地锚埋设点距边柱80～120cm，深度为80～120cm。地锚拉线与立柱对齐。

布设架面：横梁上每道镀锌铁丝间距不超过50cm，铁丝与横梁交叉处用14＃镀锌铁丝固定（图3-25）。

图3-25 架式改造完毕的葡萄园

（2）篱架

葡萄篱架的架面与地面笔直，故又称立架，其中又分单臂篱架、双臂篱架、V形篱架等，吐鲁番市酿酒葡萄多使用单臂篱架。单臂篱架，建造简便，节省材料，又利于通风透光，提高浆果质量，且利于机械化作业，省工省时。

架材准备

水泥立柱：采用实心水泥立柱，每根立柱中包含4根5#钢筋。规格：10cm×10cm×220cm，10cm×10cm×200cm。

铁丝：镀锌铁丝。

搭架

埋设水泥立柱：立柱的高度据行距而定，若行距为170cm，选用220cm立柱，埋入土中50cm，地面以上为170cm。若行距为150cm，选用200cm立柱，埋入土中50cm，地面以上为150cm。因吐鲁番市常有大风天气，立柱的间距以600cm左右为宜。

确定立柱埋设点：首先确定每行两端边柱的位置，然后以每行两个边柱为端点拉线，每600cm打一个点，即立柱位置。

挖坑：根据点位进行挖坑，坑深50cm。

埋设立柱：立柱埋深50cm，埋设立柱时确保立柱在同一直线和水平高度。

布设架面：一般拉3道铁丝即可。第一道铁丝离地面60cm。立柱顶端留出10cm后，其余两道铁丝等距离拉上即可用发紧线机将铁丝拉紧，再在每个立柱上以扎线扎紧。

4．出土

当吐鲁番春季气温稳定达到10℃时应及时出土（图3-26），一般在3月20日前后（即榆树、杨树萌芽期）。出土后要尽快上架，将枝蔓均匀绑扎到架面上，操作应细心，防止碰伤、碰掉已膨大的芽眼。上架绑蔓后及时喷施一次3～5波美度的石硫合剂（图3-27），防治白粉病、毛毡病、绿盲蝽、红蜘蛛、蚧壳虫等病虫害。

图3-26　葡萄枝出土上架

图3-27　给葡萄喷施石硫合剂

5. 修剪

修剪包括夏季修剪和秋季修剪。

（1）夏季修剪

夏季修剪（图3-28）指抹芽、摘心和副梢处理。

抹芽（图3-29）：在可见到花序时进行。抹除结果枝组中的无头芽和弱芽，三芽、双芽和密生短枝芽只保留一个健壮的芽，结果枝组以外的萌芽全部抹除。

摘心：结果枝在花前3～7天进行摘心，从花序向上留4～6叶摘心，同时摘除果穗以下叶腋发出的二次枝。预备枝留8～10叶摘心，主蔓顶端的延长枝留10～15叶摘心，保持枝条有足够的生长量。

副梢处理：结果枝上花序以下的副梢全部抹除，花序以上留1～2个副梢，副梢留3～4叶摘心，二次副梢留1叶摘心。预备枝和延长枝上的副梢也留3～4叶摘

图3-28　葡萄的夏季修剪

图3-29　葡萄抹芽

心，二次副梢全部摘除。

（2）秋季修剪

秋季修剪时，除主蔓作为延长枝外，其余枝条均采用以4～6节短梢为主的修剪方法。在架面的主蔓上每隔20～30cm配置1个结果枝组。

6．花果管理

疏花序：弱枝不留穗，每个结果枝留1个果穗。

修花序：开花前一周剪去花序长度五分之一左右的穗尖部分，并剪去副穗。

疏果粒（图3-30）：果粒为绿豆大小时进行，疏除坐果密集部分、僵果、表面擦伤和机械损伤果。

理顺果穗（图3-31）：将夹在铁丝和枝条中间的果穗顺势放成下垂状。

图3-30　葡萄疏果

图3-31　葡萄理顺果穗

7．施肥

全年施肥量及每次施肥量可根据土壤条件、树龄、产量高低和肥料质量确定。

催芽肥：4月10日～20日葡萄萌芽前，每株穴施100～150g尿素，或每亩穴施葡萄专用肥5kg。穴施指在距离根系20cm处，挖20cm深的小坑，尽量减免伤根，施肥后立刻埋土并及时浇水。

膨大肥：施两次，第一次在5月中旬，第二次在6月上中旬。每亩穴施磷酸二铵25kg、硫酸钾15kg，或重过磷酸钙25kg、硫酸钾15kg，或复合肥30kg、硫酸钾15kg。

催熟肥：7月上旬葡萄浆果开始发软、尚未着色时，把磷酸二铵和磷酸二氢钾以6：1的比例混合配好后，每亩施入30kg。

葡萄采收后施肥（图3-32）：8月中、下旬葡萄采收后，每亩穴施重过磷酸钙或磷钾复合肥料20～30kg。

图3-32 葡萄秋施有机肥

越冬肥：即基肥。9～10月，在距离葡萄主干50cm以上的位置，挖20～40cm深的坑，每亩施入2.5～3m^3充分腐熟的农家肥，之后坑内上层20cm用园土填平。

叶面肥：葡萄生长阶段不定期在叶背喷施氨基酸高钾肥（500～600倍）或喷施黄腐酸类肥料。

8．灌水

葡萄生长周期内，实行“前促、后控、中间足”的配水原则，全生长期灌水次数为10～12次（图3-33）。

花期前：根据土壤含水量灌1～2次，为葡萄萌芽、新梢发育及果穗发育提供充足养分。

花期：严禁灌水。

图3-33 葡萄灌水

花期后：充足灌水，每7～15天轮灌1次。

浆果成熟期：控制灌水。

越冬期：灌水浇足。

9. 清理果园

埋土前，清扫葡萄园（图3-34）内枯枝落叶、病残果，进行焚烧或深埋，同时喷施3～5波美度的石硫合剂，可有效减少越冬病虫害基数。一般边喷边埋的效果较好。

图3-34　葡萄园清园

10. 埋土防寒

一般在11月、土壤封冻前15天左右进行。将藤蔓缓慢下架，在主蔓弯曲处下方先用土或草秸做好垫枕，然后将枝蔓略微捆束，顺势轻轻放入沟内进行埋土（图3-35）。埋土时要在距葡萄根部50cm以外取土，埋土厚度在30cm以上，要及时检查埋土防寒情况，发现土薄、有缝隙、孔洞等要加土、拍严，确保葡萄能够安全越冬。

图3-35　葡萄埋土

第四章

吐鲁番产区特色葡萄酒酿造工艺

葡萄酒不仅是文化的传承，更是精湛工艺的象征。葡萄酒酿造过程主要包括前期处理、葡萄酒发酵、后期储存3个阶段。好的原料才能酿造优质的葡萄酒，所以前处理是基础条件，酿造工艺和技术是关键核心（图4-1），而后期储存将更加丰富酒的风味和口感。

图4-1　葡萄酒酿造的关键

一、葡萄酒酿造基本工艺

葡萄酒是以葡萄或葡萄汁为原料，经全部或部分酒精发酵酿制而成的含有一定酒精度的发酵酒。葡萄酒的酿造是一个复杂而精细的过程，需要酿酒师的耐心和专注。从原料成熟度的确定、采收、除梗破碎、压榨、发酵、澄清到陈酿、包装，每一个环节都关系到最终葡萄酒的品质和风味。

1. 基本工艺流程（图4-2）

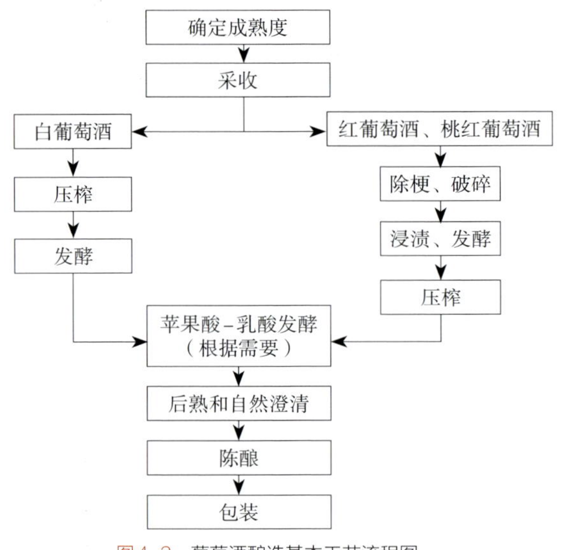

图4-2　葡萄酒酿造基本工艺流程图

2．原料成熟度的确定

葡萄原料的质量和采收期有着密切的联系，科学地确定采收期不仅能提高葡萄酒的质量，而且能提高产量。葡萄的成熟包括生理性成熟、技术性成熟、酚类物质成熟和芳香物质成熟4个方面。

（1）葡萄的生理性成熟

随着葡萄进入成熟期，果实的颜色会从青绿色转变为紫色或黄绿色。果实内的糖分会增加，酸度会逐渐降低。果实会膨胀变大，变得饱满多汁，质地更为柔软，更容易被从葡萄梗上摘下来。葡萄梗和葡萄籽会由绿色变成棕色。对于酿酒师来说，生理性成熟并不代表葡萄已经达到了适合酿酒的状态。

（2）葡萄的技术性成熟

酿酒师借助手持糖量仪等，综合分析葡萄果实的糖分与酸度，根据自己所要酿造的葡萄酒风格，来判断葡萄果实是否达到了理想的平衡状态，是否可以进行采摘。对于技术性成熟而言，通常用白利糖度（Brix）、可滴定酸度和pH值3个指标考量。一般干白葡萄酒需要葡萄含糖量为18%～22%，干红葡萄酒需要含糖量为20%～25%，含酸量为6.5～8.5g/L，pH值为3.4。但是，葡萄的技术性成熟受到诸多主、客观因素的影响，包括土壤、葡萄品种、葡萄园管理方式和当年气候特点，酿酒师会综合各方因素进行判断。

（3）葡萄的酚类物质成熟

成熟的酚类物质会为葡萄酒带来令人愉悦的收敛感和轻微的苦味。酚类物质主要在葡萄成熟期的后阶段得到发展。集中在葡萄皮中的单宁、色素等酚类物质得到不断积累。对红葡萄品种来说酚类物质成熟尤为重要。酿酒师要对葡萄的生长状态保持密切关注，追踪葡萄果实中酚类物质的质量。

（4）葡萄的芳香物质成熟

芳香物质成熟是酿造高品质葡萄酒的重要指标，因为一款葡萄酒所具有的风味主要是由芳香物质带来的，味嗅觉复杂度和质量也是评价一款葡萄酒复杂度和质量的重要指标。优良的味嗅觉体验，是葡萄酒迷人魅力的重要组成部分。

3．酿酒葡萄成熟度感官评价标准（表4-1）

表4-1 酿酒葡萄成熟度感官评价标准

部位	成熟程度				异常状况
	一等	二等	三等	四等	
果皮	果皮硬，带绿色（白色品种）或带桃红色（红色品种）；生青气味重；味酸，发干，单宁感弱、粗糙	果皮较硬，果柄周围带绿色(白色品种）或桃红色（红色品种）；有生青味到无气味；味较酸或发干，单宁感弱、细致	果皮较软，着色均匀，浅黄色到琥珀黄色或深红到黑色；有果香，带生青味；用拇指和食指压破果粒，果汁开始带色；酸味淡，基本不发干，单宁细致	咀嚼果皮化渣，着色均匀，呈琥珀黄或黑色；果酱味由浓到很浓；用拇指和食指压破果粒，果汁色重；无酸味和干感，单宁细致	霉味、土腥味、碳酸味，果皮易碎且有生青味
果肉	果肉酸，甜味淡，与果皮和种子粘连，生青味重	果肉甜味适中，较酸，少量粘连	果肉味甜,酸味低，很少粘连，果香中等	果肉味很甜，微酸，不粘连，果酱味由浓到很浓	果肉酸味和甜味都淡（水分胁迫）或都浓（浓缩），有霉味、土腥味、碳酸味，块状组织
种子	种子呈绿色或黄绿色	种子呈绿栗色	种子呈栗色，带炒香味，涩味由弱到中等	种子呈深褐色，炒香味浓，无涩味，易脱落	种子上色，但果皮硬，果肉酸

4．采收

葡萄浆果从坐果开始至完全成熟，需要经历幼果期、转色期、成熟期、过熟期4个不同的阶段（图4-3）。

葡萄酒的酿造始于葡萄的采收。葡萄的采收时间是不定的，当葡萄的糖、酸达到完美的平衡，酚类物质得到充分的积累，葡萄完全成熟并呈现出最佳的色泽和风味时开始采收。种植者和酿酒师还会根据葡萄的品种、葡萄园的情况、天气因素以及酿造酒的风格和品质确定采收时间。采收的葡萄质量直接决定了葡萄酒的品质，因此采收过程需要非常细致。采收的葡萄原料禁止使用铁、铜等金属容器转运，以防止后期酿成的葡萄酒发生铁破败病。

图4-3 葡萄浆果成熟期

5. 除梗破碎

采收的葡萄在运送到酿酒厂后，首先进行除梗和破碎。果梗占据了葡萄串约20%～30%的体积，去除葡萄梗可以提高发酵罐的空间利用率。还可以避免果梗中的劣质单宁和不良风味可能会给葡萄酒带来不良的涩感和生青味。

破碎是指将葡萄皮打破，将一定量的果汁释放出来，这些就是自流汁。这个过程对发酵非常重要，可使酵母与果汁充分接触，从而启动发酵过程。破碎后的葡萄原料具有较好的流动性，便于泵送和后续的处理。对于白葡萄酒的酿造，破碎后的葡萄会进入压榨机进行压榨，得到的葡萄汁则用于发酵。而在红葡萄酒的酿造中，破碎后的葡萄直接带皮进入发酵罐，以便在发酵过程中提取颜色和单宁。

6. 压榨

压榨是将葡萄汁从葡萄皮和果肉中分离出来的过程，压榨后得到的葡萄汁就是葡萄醪。葡萄醪的量是由葡萄的品种以及压榨过程中施加的压力来决定的。一般酿酒葡萄压榨后的出汁率为65%～70%。在压榨的过程中，需要特别注意，不要破坏葡萄籽，如果葡萄籽破碎了，它们就会释放出油脂、单宁以及一些苦味物质，酿出的酒会过于苦涩。

传统葡萄酒酿造通常采用垂直压榨法，通过一个利用螺杆或杠杆控制升起和降落的平板来施加压力。垂直篮式压榨是很多酒庄用来酿造顶级品质红葡萄酒的方法。现代酿酒技术中，葡萄酒企业主要使用自动化程度较高的气囊压榨机，这种压榨机是以柔性食品级橡胶制成的气囊与不锈钢罐体构成的压榨机，经充入压缩空气，气囊充气时向外膨胀，从内向外挤压含汁葡萄皮渣，具有压力分布均匀，挤压柔和，出汁率高和精确地控制压榨力度等优点，从而获得品质更优的葡萄汁液。在压榨过程中，酿酒师会根据需要决定何时进行压榨。白葡萄酒通常在发酵前进行压榨，而红葡萄酒、桃红葡萄酒则在发酵后进行。这是因为红葡萄酒、桃红葡萄酒需要在发酵过程中与葡萄皮接触以提取颜色和单宁。

7. 酒精发酵

酒精发酵（图4-4）是葡萄酒酿造的最主要阶段。葡萄酒所有潜在的质量都存在于原料之中，它们会在葡萄酒的酿造过程中逐渐表现出来。葡萄汁转化为葡萄酒是一个复杂的生物化学过程，酵母菌利用葡萄汁中的糖和其他成分作为生长的底物，将它们转化为乙醇和CO_2的同时，产生了构成葡萄酒感官特征的初级和次级代谢副产物，如甘油、有机酸、高级醇、酯类等。

图4-4　葡萄酒精发酵

温度是影响酒精发酵进程最重要的因素之一，因为不同的温度条件会影响酵母菌的活性、发酵速度、副产物的形成。发酵过程中适当的发酵温度（表4-2）会伴随着更多令人愉快的芳香物质的产生，并且也是红葡萄酒酿造时从黑色葡萄果皮中提取颜色和单宁所必需的。温度较低的发酵过程可以减少挥发性芳香物质的损失，还有利于白葡萄酒酿造过程中水果味酯类物质的产生。在现代酿酒过程中，对于提高酒的品质来说，发酵过程中更为精细而复杂的温度控制技术是一项非常重要的进步。

表4-2　葡萄酒发酵的温度范围（℃）

葡萄酒种类	最低温度	最佳温度范围	最高温度
红葡萄酒	25	26~30	32
白葡萄酒	16	18~20	22
桃红葡萄酒	16	18~20	22
甜型葡萄酒（加强葡萄酒）	18	20~22	25

8. 澄清处理

澄清处理是指去除葡萄酒中的悬浮颗粒、沉淀物和其他杂质的过程，以提高其稳定性和感官质量。这一过程对于确保葡萄酒的颜色、清澈度和口感至关重要。

澄清的方法有多种，包括沉降、过滤、下胶等。葡萄酒生产企业首先会利用自然沉降法，通过静置使较重的固体颗粒沉到容器底部。然后，采用过滤法，使用硅藻土过滤设备去除更细小的颗粒。此外，有些生产者还会使用澄清剂进行下胶处理，如蛋白质、膨润土等天然物质，它们能够与悬浮颗粒结合，形成较大的聚集体，从而便于被去除。在现代酿酒技术中，还有更为先进的方法，如错流过滤和离心分离等，这些技术能够在不添加任何外来物质的情况下高效地清除杂质。

9. 陈酿

葡萄酒澄清后进入陈酿阶段。在这个阶段，葡萄酒会在橡木桶或不锈钢罐中存放数月或数年。葡萄酒中含有多种有机化合物，包括单宁、酸、糖分、色素、香气复合物等，随着陈酿时间的推移，这些成分会相互作用，发生一系列复杂的化学反应，从而使葡萄酒的口感、色泽、香气等方面发生变化。陈酿期间，葡萄酒还会进行缓慢的氧化反应，使酒体变得更加醇厚。正是这些变化赋予了葡萄酒更加丰富和深邃的味道。

10. 包装

在葡萄酒的世界里，包装不仅仅是一种容器，它是葡萄酒文化的一部分，是品位与风格的传递者。

一瓶优质的葡萄酒，其包装设计往往也是恰到好处，既能保护酒质，又能吸引消费者的目光，传递出品牌的独特韵味。陈酿完成的葡萄酒会进行包装。酒瓶是最主要的包装材料。

一般，白葡萄酒会选择浅色或无色透明的玻璃瓶，红葡萄酒选择深色的玻璃瓶。有些消费者认为葡萄酒瓶的凹槽越深，酒的质量就越好。但事实上，酒瓶凹槽的深浅，与葡萄酒品质之间，并没有直接联系。早期酿造葡萄酒的时候，因为还没有成熟的过滤和澄清的技术，瓶底有较深的凹槽，增大了沉淀物与瓶底的接触面积，能使沉淀物更有效地附着在凹槽内壁，达到酒液和杂质分离的目的。包装还包括打塞、套胶帽、贴标等流程。

二、吐鲁番产区葡萄酒酿造工艺

1．白葡萄酒的酿造（图4-5）

吐鲁番产区白葡萄酒的外观色泽为微黄带绿、浅黄、禾秆黄、金黄色等颜色，具有热带水果特有的蜜桃、芒果、甜瓜、菠萝等香气特征。酒体清新优雅、柔顺细腻、回味悠长。主要特色白葡萄酒种有风干葡萄酒、冰葡萄酒、起泡葡萄酒等。

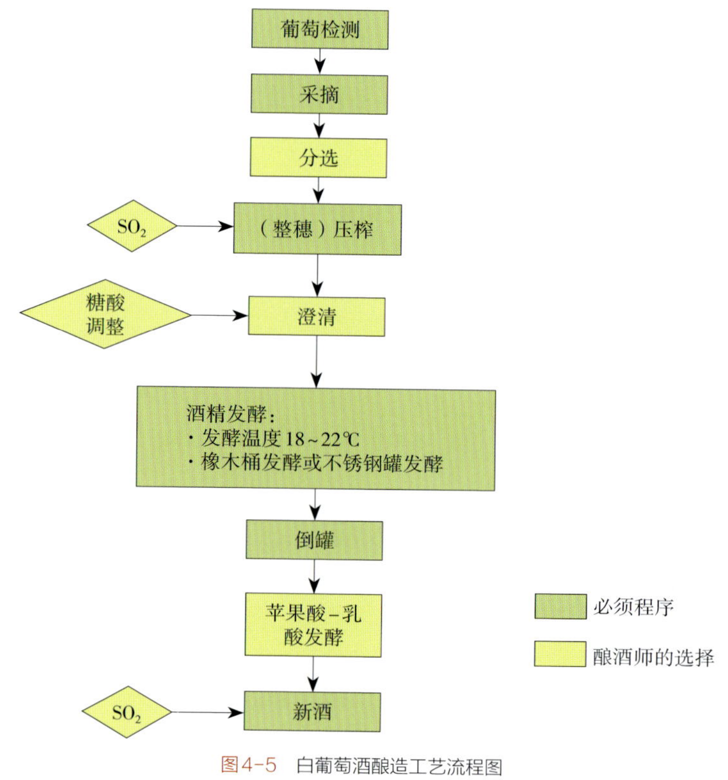

图4-5 白葡萄酒酿造工艺流程图

（1）冰葡萄酒

冰葡萄酒在不同的国家有不同的定义。一般说来，冰葡萄酒指的是用采摘时已经冻硬的葡萄酿造的甜白葡萄酒。但在正宗冰酒产地加拿大、德国、奥地利，冰酒的定义强调的是自然冰冻。根据《冰葡萄酒》国家标准（GB/T 25504）的定义，冰葡萄酒是指将葡萄推迟采收，当自然条件下气温低于−7℃，使葡萄在树枝上保持一定时间，结冰，采收，在结冰状态下压榨，发酵酿制而成的葡萄酒（在生产过程中不允许外加糖源）。

冰葡萄酒酿造技术要求：

◇ 不能将葡萄提前采摘挂在葡萄架上。

◇ 采摘和压榨温度不能超过−7℃。

◇ 采摘时间在太阳出来之前。

◇ 残留糖必须达到80g/L。

◇ 发酵罐中测得的压榨汁白利糖度不得低32%。

◇ 发酵温度12～15℃。

◇ 发酵时间60天左右。

（2）起泡葡萄酒

起泡葡萄酒是一种富含CO_2，具有丰富泡沫，具有清凉口感的葡萄酒。根据起泡葡萄酒的气体压力和来源可分为：

起泡葡萄酒，是葡萄原酒经过二次发酵产生CO_2气体，在密闭容器中20℃条件下，CO_2（全部由发酵产生）压力大于或等于0.35MPa（对于容量＜250mL的瓶子，CO_2压力≥0.3MPa）的含气葡萄酒。

低泡葡萄酒：在20℃时，CO_2（全部由发酵产生）压力在0.05～0.34MPa（对于容量＜250mL的瓶子CO_2在0.05～0.29MPa）的含气葡萄酒。

葡萄气酒：葡萄酒中所含CO_2是部分或全部由人工添加的，具有同起泡葡萄酒类似物理特性的含气葡萄酒。葡萄气酒不同于起泡葡萄酒，其CO_2可以人为添加，而不必由发酵获得。给葡萄酒进行充气有很多种方法，但最好的方法是葡萄酒经稳定性处理后，将葡萄酒冷却至近冰点，在−3～−4℃的温度下进行充气。送入气酒混合机与通入的CO_2气体进行气酒混合至混合机压力为0.5MPa，然后在低温下静置

48h，使二氧化碳气体充分溶解于葡萄酒中。然后将充满气体的葡萄酒储存一段时间，使葡萄酒与CO_2气体平衡后，在低温和加压条件下进行过滤、装瓶。

起泡葡萄酒密封罐法二次发酵技术要求：

◇低温操作，接种3%的活性干酵母，发酵温度控制在15℃左右。

◇整个发酵周期要尽量少接触空气，防止氧化，以使葡萄本身的果香最大限度地保留在原酒中。

◇葡萄原酒中需加入糖浆调整糖度。

◇原酒发酵到酒度为6%（体积分数）左右，转入密封罐内并添加酵母，低发酵（12～15℃），时间一般为30天。

◇密封罐法对设备的要求较高，发酵罐抗压能力要大于0.8MPa，酒精发酵开始36～48 h后关闭顶部阀门。

◇发酵结束后要进行低温（12～14℃）储存6～8个月，以促进酒体成熟。

◇等气压条件下进行离心、无菌过滤。

◇整个发酵周期要尽量少接触空气，防止氧化，以使葡萄本身的果香最大限度地保留在原酒中。

注：体积分数指100mL饮料酒中含有乙醇的毫升数。

2. 红葡萄酒

吐鲁番产区红葡萄酒主要是干红葡萄酒。外观色泽为紫红、深红、宝石红、棕红色、黑红色等颜色，具有浓郁的黑色浆果的香气，如黑加仑、黑桑葚、蓝莓、樱桃的香气。口感柔顺圆润、单宁细腻，具有纯净优雅，酒体饱满，回味悠长的特点。

浸渍工艺是红葡萄酒酿造中非常重要的一个环节，葡萄汁进行酒精发酵前通过温度、时间、技术手段将色素、香气化合物及单宁从葡萄的果皮、果籽和果梗中萃取出来，提升葡萄酒的品质，使最终酿成的葡萄酒颜色更深，香气更浓，化合物和单宁的含量也更高。红葡萄酒浸渍方法主要有以下4种。

（1）热浸渍方法

红葡萄酒的热浸渍工艺是一种通过加热来强化萃取效果的方法。它通过控制温度来优化萃取过程，从而提升葡萄酒的品质。通常，热浸渍方法是在酒精发酵前将红葡萄原料加热（45～80℃）浸渍，主要方法有：

◇将葡萄原料破碎除梗后加热，然后浸渍，根据需要确定浸渍时间。

◇将整穗原料入罐后用热葡萄汁进行加热浸渍。

◇将破碎的原料进行部分分离，皮入罐后用热葡萄汁进行加热浸渍。

◇将破碎分离后的皮渣加热后倒入冷葡萄汁中。

总的来说，由于高温可以加速化合物的提取，热浸渍可以使葡萄酒的颜色更深，香气更浓。同时，热浸渍还会提取单宁，对葡萄酒的结构和陈年潜力有重要影响。此外，热浸渍结束后，葡萄皮、果籽等固体部分会与液体部分分离，更方便进行后续的发酵和澄清过程。

（2）冷浸渍方法

这种方法通常在葡萄破皮后、酒精发酵开始前进行。通过将温度控制在4～15℃，抑制酒精发酵的进行，让破皮的葡萄带皮浸泡一段时间，这个过程可持续2～7天。在这个过程中，主要从葡萄皮中萃取色素和风味物质，而几乎不会提取可溶于酒精的苦涩单宁，以增加酒液的颜色和果香。这种方法适用于皮薄的红葡萄品种，如梅乐和黑比诺，以及一些芳香型白葡萄品种。

（3）CO_2浸渍法

该方法是一种独特的浸渍方法，也是一种特殊的发酵方法。它是将整粒完好的葡萄放入充满CO_2的密闭容器中，这样可以促进葡萄细胞进行厌氧代谢，即在葡萄浆果酶系统作用下进行“细胞内发酵”以及其他物质的转化。在这个过程中，整个葡萄浆果被密封在发酵罐中，在CO_2的作用下，可以避免葡萄氧化，并且能够在不提取过多苦涩单宁的情况下，提取出风味物质和色素。

采用CO_2浸渍法酿造的葡萄酒具有独特的口味和香气特征，口感柔和、香气浓郁，并且成熟较快。总的来说，CO_2浸渍法是一种能够创造出独特风味的红葡萄酒酿造工艺，尤其适合那些追求特定口感和香气特点的葡萄酒。

（4）闪蒸工艺方法

就是在最短的时间内，将经除梗、沥干的葡萄原料的温度提高到70～90℃，然后在低压下瞬间降低到适合发酵的温度（低于30℃）。将原料的加热和低压条件下的瞬间蒸发结合在一起，由于葡萄醪压强突降，原料细胞内水分瞬间蒸发，导致果皮细胞的破裂，使固体中的物质更容易被浸提出来。

闪蒸工艺破坏了葡萄固体部分的细胞结构，能尽量提取其中的色素、多酚和芳香物质，所以在原料质量优良的条件下，能提高红葡萄酒的质量。用闪蒸工艺酿造的葡萄酒，无论是总酚含量，还是色度都显著高于传统浸渍酿造的葡萄酒。

3．桃红葡萄酒

桃红葡萄酒的色泽与风味介于红葡萄酒和白葡萄酒之间，颜色略带红色，果香突出，酒体清新爽口。桃红葡萄酒的颜色因葡萄品种、酿造方法和陈酿方法不同而有很大的差别，介于黄色和浅红色之间，最常见的有黄玫瑰红、橙玫瑰红、玫瑰红、橙红、洋葱皮红、紫玫瑰红等。优质桃红葡萄酒因酿造工艺不同而具有独特的风格和个性。主要酿造方法如下：

（1）直接压榨

该方法是采用白葡萄酒的酿酒工艺，将红葡萄品种进行破皮、压榨。这种方法从果皮中萃取色素量少，但需注意避免萃取过多单宁。

（2）排出法

该方法是采用红葡萄酒的酿酒工艺，利用红葡萄品种进行发酵，发酵期间果皮中的色素会被萃取出来。根据所酿桃红葡萄酒颜色的不同，发酵进行到6～48 h后，将发酵中的葡萄酒排出，并转移至低温环境下继续发酵。葡萄酒与果皮接触的时间越长，桃红葡萄酒颜色越深。

（3）放血法

该方法类似于排出法，但红葡萄酒品种发酵期间，只有一部分酒液被排出酿成桃红葡萄酒（图4-6），其余大部分酒液继续与果皮接触，并酿成红葡萄酒。放血法的主要目的是使红葡萄酒风味更浓郁集中，因此桃红葡萄酒只是其副产品。

（4）混合/勾兑法

该方法是将少量红葡萄酒直接与白葡萄酒调配成桃红葡萄酒。正常情况下，将白葡萄酒调制成桃红色，只需要添加5%左右的红葡萄酒。优质的桃红葡萄酒很少会采用这种酿酒方法，但这在酿制桃红香槟和其他桃红起泡酒时较为常见。

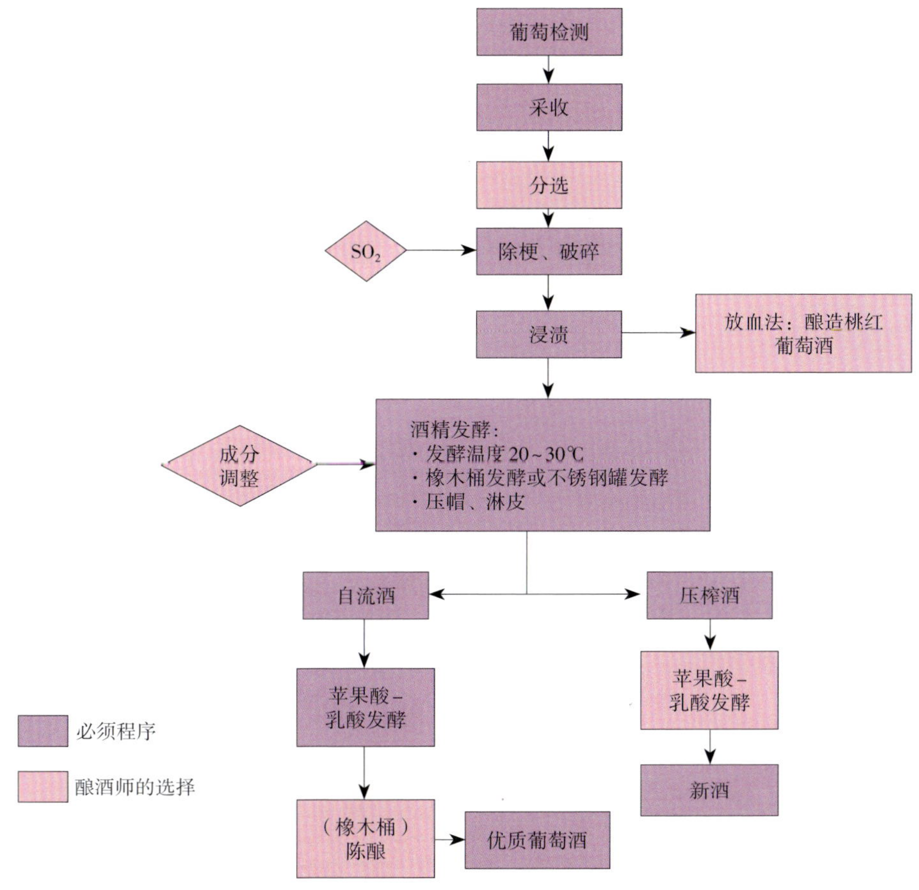

图4-6 红葡萄酒、桃红葡萄酒酿造工艺流程图

4. 白兰地

白兰地是以水果或果汁（浆）为原料，经发酵、蒸馏、陈酿、调配而成的蒸馏酒。以葡萄或葡萄汁为原料的产品可直接称为白兰地，而以其他水果（如红枣、桑葚、杏子）为原料时酿造的白兰地要冠以水果名，如红枣白兰地、桑葚白兰地等。我国对白兰地有明确的国家标准，在GB 11856—2008中对白兰地的定义是：白兰地是以葡萄为原料，经发酵、蒸馏、橡木桶陈酿、调配而成的葡萄蒸馏酒。白兰地的酒度（20℃时）不得低于37%（体积分数）。白兰地的酒龄是指白兰地原酒在橡木桶中储存的年龄，可以分为4个等级（表4-3）。

表4–3　白兰地的等级及感官评价表

指标	特级（XO）	优级（VSOP）	一级（VO）	二级（VS）
酒龄 / 年	≥ 6	≥ 4	≥ 3	≥ 2
外观	澄清透明、晶亮，无悬浮物、无沉淀			
色泽	金黄色至赤金色	金黄色至赤金色	金黄色	浅金黄色至金黄色
香气	具有和谐的葡萄品种香，陈酿的橡木香，醇和的酒香，幽雅浓郁	具有明显的葡萄品种香，陈酿的橡木香，醇和的酒香，幽雅	具有葡萄品种香、橡木香及酒香，香气谐调、浓郁	具有原料品种香、酒香及橡木香，无明显刺激感和异味
口味	醇和、甘冽、沁润、细腻、丰满、绵延	醇和、甘冽、丰满、绵柔	醇和、甘冽、完整、无杂味	较纯正、无邪杂味
风格	具有本品独特的风格	具有本品突出的风格	具有本品明显的风格	具有本品应有的风格

白兰地的产品分类

◇ 葡萄原汁白兰地：以葡萄汁、浆为原料，经发酵、蒸馏、在橡木桶中陈酿、调配而成的白兰地。

◇ 葡萄皮渣白兰地：以发酵后的葡萄皮渣为原料，经蒸馏、在橡木桶中陈酿、调配而成的白兰地。

◇ 调配白兰地：以葡萄原汁白兰地为基酒，加入一定量食用酒精等调配而成的白兰地。

白兰地蒸馏方式

白兰地的蒸馏方式（图4–7）有夏朗德壶式蒸馏法和塔式蒸馏法两种。生产中普遍采用的是前者。夏朗德壶式蒸馏器是铜制的，因为铜具有很好的导热性，而且铜对葡萄酒中的酸具有良好的抗性，在加热和蒸馏过程中，铜可以与酒中的丁酸、己酸、辛酸、葵酸、月桂酸等形成不溶性的铜盐，从而将这些具有不良风味的酸除去，提高白兰地的质量。

夏朗德壶式蒸馏法是通过直接加热使蒸馏锅内的酒液逐渐沸腾、蒸发。酒精和其他物质的蒸汽通过蒸馏器罩和鹅颈管进入冷凝器并凝结成馏出液。馏出液则通过铜质管道被送到相应的容器中。蒸馏分为两次蒸馏，第一次蒸馏是对葡萄原酒或94%葡萄原酒与6%酒头、酒尾混合物进行蒸馏；第二次蒸馏是用第一次蒸馏的酒身或它与次酒头、酒尾的混合物进行蒸馏，以获得白兰地。

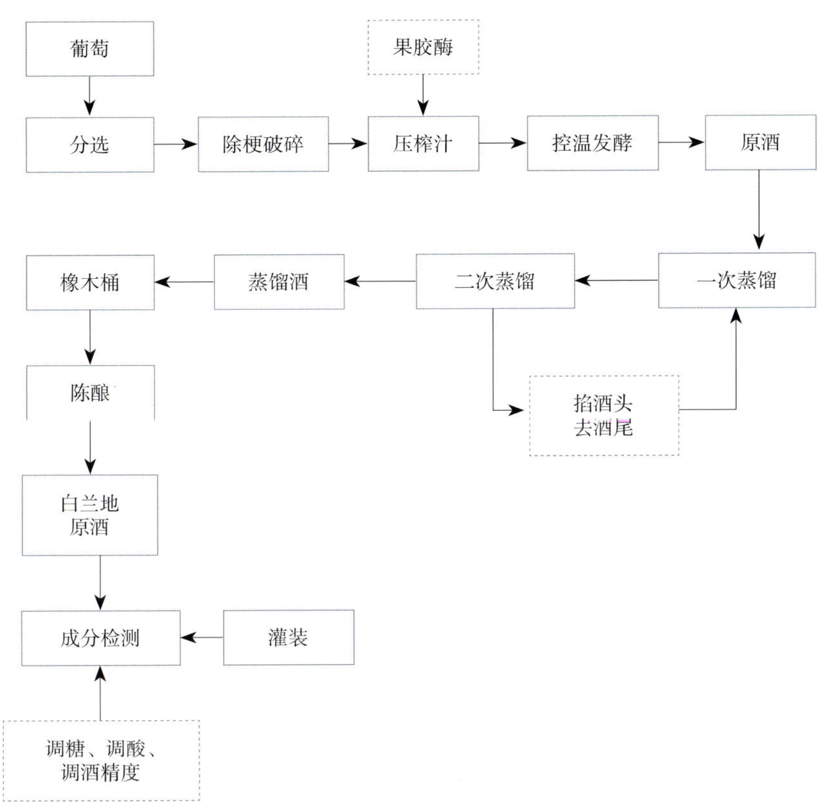

图4-7 白兰地工艺流程图

5. 特种葡萄酒

根据国标GB/T 17204—2021《饮料酒术语和分类》中的定义，特种葡萄酒是指在种植、采摘或酿造工艺中使用特定方法酿制而成的葡萄酒。

（1）波特酒

波特酒属于酒精加强葡萄酒。生产时需要在葡萄醪发酵24～36h内快速地提取颜色和单宁，当葡萄醪中的糖转化为6%～9%（体积分数）的酒精度时，加入葡萄蒸馏酒精，进行强化，中止发酵。强化后的波特酒需要进行1年以上的熟化，以赋予酒体焦糖、咖啡、巧克力的芳香和味道。由于葡萄汁没发酵完就终止了发酵，所以波特酒是甜的，由于加入了高度数的酒精，波特酒的酒精度一般为

18%～22%（体积分数）。

（2）利口酒

利口酒是一种甜而香的酒精饮料，通常作为餐后甜酒饮用。利口酒是以蒸馏酒（白兰地、威士忌、朗姆酒等）为基酒，加入各种天然调香物品（果实、草本植物、香料等），再经过甜化处理制成。这些添加物赋予利口酒独特的颜色和香气。

吐鲁番产区特色瓜果（桑葚、杏、红枣、石榴、哈密瓜等）资源丰富，还有丰富的植物香料（茴香、薄荷、甘草、留兰香等），酿酒师们通常采用浸渍法将新鲜瓜果、植物香料浸泡在葡萄蒸馏酒中，以吸收其味道和色泽，再添加无核白葡萄汁和植物色素赋予利口酒甜度和色彩。吐鲁番产区常见利口酒酒精度为15%～22%（体积分数），具有色泽鲜艳、气味芬芳、口感甜蜜、种类丰富的特点。

（3）风干葡萄酒

风干葡萄酒是一款甜型葡萄酒，口感浓郁、香气馥郁，也被称为葡萄干酒，是一种采用特殊工艺酿制的葡萄酒。吐鲁番葡萄酒产区因其独特的风土条件，特别适合进行风干葡萄酒的酿造。酿酒师们通常将手工采摘的葡萄特别是本地特有的无核白葡萄，将整串无核白葡萄悬挂在通风良好的晾房里进行自然风干，这个过程一般需要30～60天。葡萄风干后，当果肉白利糖度达到32%时，进行去梗、压榨、发酵等常规葡萄酒酿造步骤。发酵结束后将酒液在橡木桶、陶罐或瓶中进行陈酿。由于风干过程中水分的蒸发，葡萄中的糖分和其他成分得到了浓缩，这使最终酿造出来的葡萄酒具有更高的酒精度和更浓郁的香气。

（4）脱醇葡萄酒

葡萄或葡萄汁经全部或部分酒精发酵，生成酒精度不低于7%（体积分数）的原酒，然后采用特殊工艺降低酒精度的葡萄酒。低醇葡萄酒是酒精度为0.5%～7%（体积分数）的脱醇葡萄酒。无醇葡萄酒是酒精度小于0.5%（体积分数）的脱醇葡萄酒。脱醇葡萄酒尽管去除了全部或部分酒精，但仍然保留了葡萄酒的风味和香气，无醇葡萄酒对于那些想要享受葡萄酒风味但不能摄入酒精的人群来说是一个很好的选择。目前，吐鲁番产区主要使用的脱醇技术如下：

◇ 蒸馏法：这是最传统的一种脱醇方法，通过加热葡萄酒使其沸腾，然后收集蒸汽，因为酒精的沸点低于水，所以酒精首先被蒸发出来，剩下的液体就是脱醇后的葡萄酒。

◇ 反渗透：该方法利用半透膜技术，通过物理过滤的方式从葡萄酒中移除酒精分子，这种方法可以在不加热的情况下进行，因此能够较好地保留葡萄酒的原有风味。

◇ 真空蒸馏：在较低的压力下进行蒸发，可以在较低的温度下将酒精蒸发掉，这样可以减少对葡萄酒风味的影响。

三、吐鲁番产区特色果酒

随着生活品质的不断提高，人们对健康生活的要求也越来越高，果酒作为一种低酒精度的碱性饮品，深受越来越多的消费者认同。果酒的消费人群和消费量不断扩大，市场潜力巨大。果酒分为发酵型果酒和配制型果酒。发酵型果酒是以水果或果汁（浆）为主要原料，经全部或部分酒精发酵酿制而成的，含有一定酒精度的发酵酒。配制型果酒是以发酵酒、蒸馏酒、食用酒精等为酒基，加入水果进行浸泡和/或直接加入果汁，可添加食品添加剂，经调配、加工而成的配制酒。

吐鲁番拥有优越的光热条件和独特的气候条件，特色林果资源丰富。截至2023年，吐鲁番全市种植有各类林果约$5.1\times10^8m^2$，其中葡萄约$4.2\times10^8m^2$，杏约$5.7\times10^7m^2$，红枣约$2.3\times10^7m^2$，其他林果如石榴、无花果、核桃等约$8.13\times10^6m^2$；同时，吐鲁番还有约$6.7\times10^7m^2$桑葚，各类特色林果为酿造吐鲁番风格的特色果酒提供了优质的原料。

1．无核白复合型果酒

吐鲁番是我国重要葡萄产地，盆地内有$4.2\times10^8m^2$葡萄，无核白葡萄种植面积占到全市葡萄种植面积的90%以上，是全国最大的无核白葡萄集中产区，在国际市场上被誉为“绿珍珠”。根据无核白葡萄自身含糖量高、皮薄无核、出汁率高、干物质积累丰富、果香清淡等特点，吐鲁番产区的酿酒师们会将无核白葡萄和桑葚、杏、红枣等原料进行混酿生产无核白复合型果酒。

无核白复合型果酒是以吐鲁番盛产的无核白葡萄、葡萄干、桑葚、杏、红枣等特色林果资源以及哈密瓜、西瓜、甜瓜等其他瓜果为原料的发酵型果酒产品。无核白复合型果酒不仅保留了葡萄以及桑葚、杏、红枣等特色林果资源原有的营养物质和风味物质，酒香浓郁，口感幽雅，而且很大程度上还解决了林果原料出汁率低，含糖量不高，发酵过程中需要添加水、白砂糖等物质，酒中营养成分不高的弊端。无核白复合型果酒在原料的组合上展现出创新性强、开发价值高的特点，能有效促进无核白葡萄、葡萄干、林果资源高值化利用，具有取长补短、强强联合、优势互补、彼此促进的作用，能产生“1+1＞2”的效果。

2．桑葚果酒

桑葚酒被誉为果酒中的极品，它不仅口感独特，而且具有多种健康益处。吐鲁番产区桑葚酒是以黑桑葚（图4-8）为主要原料，榨汁后经酵母菌发酵，陈酿而得的果酒产品（图4-9）。桑葚酒具有浓郁的果香，这种果香在发酵过程中得到突显，使酒体层次丰富，口感细腻顺滑。它含有的花青素、白藜芦醇、氨基酸和维生素等生物活性成分，不仅为酒增添了营养价值，也为其带来了独特的保健功效。

图4-8 吐鲁番黑桑葚

桑葚果酒产品分类

桑葚发酵酒：以鲜桑葚或桑葚汁为原料，经全部或部分酒精发酵酿制而成的，含有一定酒精度的发酵酒。

桑葚利口酒：桑葚利口酒是以桑葚发酵酒为主要原料，添加桑葚白兰地、食用酒精以及桑葚汁、浓缩桑葚汁、果葡糖浆或白砂糖为辅料，经陈酿、调配、灌装等工艺生产而成，酒精度为15.0%～22.0%（体积分数）的桑葚酒。

注：加入的桑葚白兰地或食用酒精以及桑葚汁、浓缩桑葚汁、白砂糖之总量不得超过产品总质量（或总体积）的25.0%。

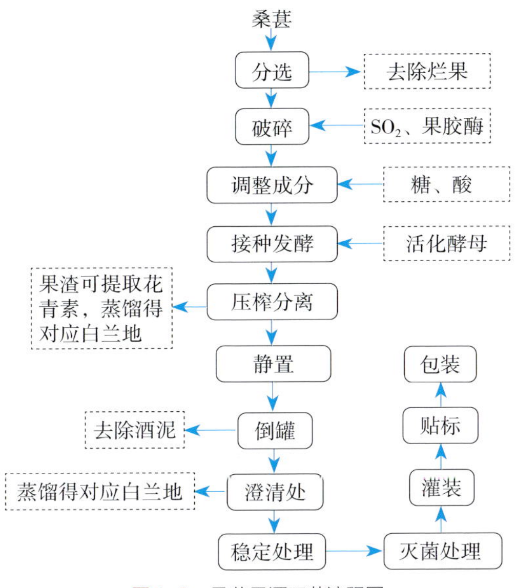

图4-9　桑葚果酒工艺流程图

加香桑葚酒：以桑葚发酵酒为酒基，经浸泡芳香植物或加入芳香植物的提取液而制成的，具有浸泡植物或植物提取物特征的桑葚酒。

注：芳香植物指根据相关规定可在食品加工中使用的具有芳香特征的植物。

低醇桑葚酒：采用鲜桑葚或桑葚汁，经全部或部分发酵，潜在酒精度不低于7.0%（体积分数）的原酒，然后采用特种工艺降低或不降低酒精度，最后成为酒精度为1.0%～7.0%（体积分数）的桑葚酒。

桑葚酒感官指标及理化指标（表4-4、表4-5）

表4-4　桑葚酒感官指标

项目			要求
外观	色泽		深红、紫红、黑红色
	澄清度		酒体澄清透明，有光泽，无明显悬浮物及沉淀（使用软木塞封口的酒允许有少量软木渣。瓶装6个月的桑葚酒允许有少量沉淀）
香气与滋味	香气		具有明显的桑葚品种香气和发酵酒香
	滋味	干型 半干型	纯正优雅的果香和酒香协调，酒体完整
		半甜型 甜型	纯正圆润，酸甜可口，果香突出，酒体完整
典型性			具有桑葚品种应有的特征和风格

表 4–5 桑葚酒理化指标

项目	指标			
	干型	半干型	半甜型	甜型
酒精度 /（20℃，%）	≥ 8.0			
总糖 /（以葡萄糖计，g/L）	≤ 6.0	61 ~ 16.0	16.1 ~ 45.0	≥ 45.1
总酸 /（以酒石酸计，g/L）	4.0 ~ 8.0			
挥发酸 /（以乙酸计，g/L）	≤ 2.0			
干浸出物 /（g/L）	≥ 18.0			
铁 /（mg/L）	≤ 8.0			
甲醇（mg/L）	≤ 400			

3. 杏子果酒

杏子果酒是以成熟的杏子为原料，在一定温度条件下，经全部或部分酒精发酵酿制而成的，含有一定酒精度的发酵果酒（图 4–10）。其独特的口感和营养价值深受消费者喜爱。它是新鲜杏果通过发酵酿制而成的酒类，富含儿茶酚、黄酮

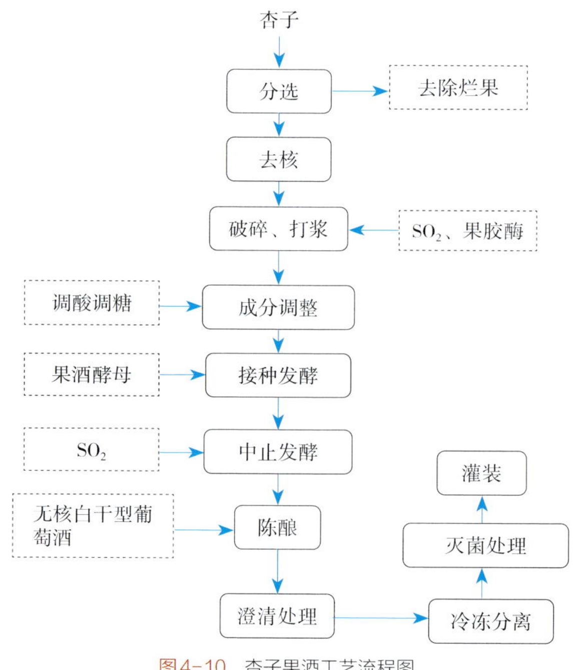

图 4–10 杏子果酒工艺流程图

类物质，这些物质对抑制癌细胞生长有一定的积极作用。在中医理论中，杏子酒具备润肺化痰、定喘生津的效果，并能促进食欲、改善疲劳状态。由于其显著的健康效益，尤其适合女性以及需要增强体力的人群饮用。

杏子果酒的感官指标及理化指标（表4-6、表4-7）

表4-6 杏子果酒感官指标

项目	要求
外观	澄清、透明，无悬浮物，允许瓶底有少量自然沉降物
色泽	浅黄或金黄色
香气	具有杏子清新的果香和清雅、香甜、优雅的酒香
口味	具有纯净新鲜、怡爽口感，酒体醇厚，酸甜协调
典型性	具有杏子品种应有的特征和风格

表4-7 杏子果酒理化指标

项目	指标
酒精度 /（20℃，体积分数，%）	≥ 8.0
总糖 /（以葡萄糖计，g/L）	≥ 35
总酸 /（以酒石酸计，g/L）4.0～8.0g/L	4.0～8.0
挥发酸 /（以乙酸计，g/L）	≤ 1.6
干浸出物 /（g/L）	≥ 18.0
铁 /（mg/L）	≤ 8.0
甲醇（mg/L）	≤ 400

（1）杏子发酵酒

选择吐鲁番盛产的成熟度好、无腐烂变质、无病虫害的苏勒坦杏为原料，进行去核、破碎、打浆。将得到的杏子打浆汁中添加果胶酶和纤维素酶，提高打浆汁的出汁率。根据理论上每17g/L糖经发酵后可产生1%（体积分数）酒精。

杏子发酵酒最佳发酵工艺参数：酵母接种量为25mg/L，发酵初始pH值为3.5，发酵温度为18～20℃，发酵5～7天后添加100mg/L的SO_2，降温至5℃，保持此温度条件48h，进行终止发酵。终止发酵结束后，将杏子发酵原酒静置5～7天，倒罐去除果肉、酵母等沉淀物，加入无核白干型葡萄酒，调整残糖含量（以葡萄糖计）为50g/L，酒精度为10%（体积分数）。为使加入的无核白干型酒和杏子发酵酒更好地融合，增加杏子酒酯类及其他芳香物质含量，将混合后的酒在12～15℃条件下，密封在贮酒罐中陈酿6～8个月，通过醇和水分子之间的缔合作用和醇酸之间的酯化作用，得到具有杏子清新的果香和酸甜协调、怡爽优雅的酒香的杏子发酵酒。

（2）杏子利口酒

杏子利口酒主要采用杏子汁中加入无核白葡萄蒸馏酒及葡萄干复水压榨汁进行调配制作，或采用杏子发酵酒与葡萄蒸馏酒、葡萄汁混合制作2种加工工艺（图4-11、图4-12），得到的杏子利口酒酒精度为15.0%～22.0%（体积分数）。杏子利口酒具有杏子特有果香和甜味，颜色多为琥珀色，呈现出杏子的天然色彩。这种香甜的口感使它既可以单独饮用，也可以作为鸡尾酒的配料，是非常受欢迎的配制型甜型果酒。杏子利口酒生产工艺流程如下：

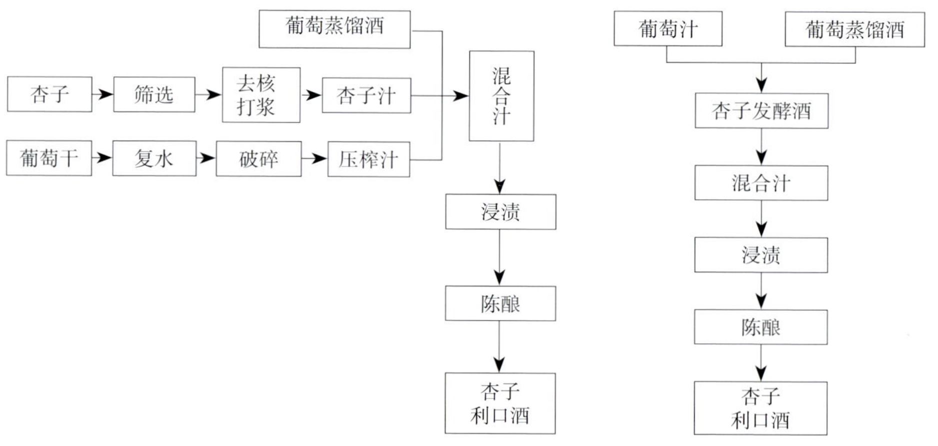

图4-11　杏子利口酒工艺流程图（工艺一）

图4-12　杏子利口酒工艺流程图（工艺二）

4. 红枣果酒

红枣富含碳水化合物、蛋白质、维生素、微量元素、黄酮类物质、有机酸、三萜类化合物等，具有很高的营养价值和药用价值。红枣性温、味甘，是集药、食、补三大功能为一体的功能性食品。红枣果酒是以红枣为原料，经全部或部分发酵而获得的发酵酒。红枣果酒生产流程见图4-13。

红枣果酒感官指标和理化指标（表4-8、表4-9）

表4-8 红枣果酒感官指标

指标		要求
外观	色泽	石榴红色
	澄清度	澄清透明，有光泽，无明显悬浮物及沉淀
香气	滋味	具有红枣的果香和发酵酒香，果香和酒香协调
	风格	温润柔和，酸甜适口，具有红枣酒的典型风格

表4-9 红枣果酒理化指标

项目	指标			
	干型	半干型	半甜型	甜型
酒精度/（20℃，体积分数，%）	≥ 10.0			
总糖/（以葡萄糖计，g/L）	≤ 4.0	4.1～12.0	12.1～45.0	≥ 45.1
总酸/（以酒石酸计，g/L）	3.0～9.0			
挥发酸/（以乙酸计，g/L）	≤ 1.2			
干浸出物/（g/L）	≥ 16.0			

（1）红枣果酒酿造工艺

原料的分选与清洗浸泡：选择成熟、无病虫害、无腐烂的干红枣为原料，利用清水将果皮上的泥土、杂质及附着的微生物清洗干净，为防止杂菌污染可用50mg/L的SO_2进行润洗。然后用约红枣质量5倍的酿造用水浸泡5～8h。

破碎去核：浸泡完成后，开始加热，将水加热至沸腾，并保持30min，然后冷却破碎去核。

加水打浆：去核后的枣补加红枣质量3倍的酿造用水，并将红枣放进打浆机中进行打浆。

酶解：在果浆中添加果胶酶，浓度为25mg/L，在50℃条件下酶解至少5h，然后利用过滤网对果浆进行过滤，获得红枣果汁。

调整成分：迅速将果汁冷却至室温，调整SO_2浓度为50mg/L，同时测定红枣果汁含糖量、含酸量，计算所需的糖、酸用量。将所添加的糖和酸分批次加入红枣果汁中，完成糖酸调整工作。

接种发酵：在酶解和成分调整好的红枣汁中，接入活性干酵母。待果汁在常温下明显启动发酵后，将发酵温度控制在22℃。主发酵过程中，每天需要搅拌通气或打循环并利用液体比重计监测相对密度，待发酵液中的残糖量小于4g/L时，主发酵结束，倒罐分离，添加SO_2抑制发酵。

压榨分离：发酵结束的发酵液可先将上层澄清液导流出来，然后将下层部分用气囊压榨机进行分离或用滤网进行分离，以获得发酵原酒。

倒罐、陈酿与澄清：通过添罐、倒罐、下胶、冷冻等技术保证陈酿期中的氧化、酯化、缔合和沉淀反应的正常进行，采用冷冻处理（0~5℃，15天），然后在18~20℃条件下，用蛋清粉或皂土作为澄清剂进行处理。保证酒体清澈透明，具有红枣的特征色泽。

检测与调配：灌装前对红枣果酒的酒精度、总糖、总酸、挥发酸等关键指标进行检测，同时进行品评，品评后将酒精度、总糖、总酸及微量指标调整到目标值。

（2）红枣蒸馏酒

以干红枣为原料发酵制备红枣果酒，进而蒸馏获得红枣蒸馏酒。

5．哈密瓜酒

（1）哈密瓜酒

吐鲁番哈密瓜香味独特，瓜肉甜脆，富含苹果酸、胡萝卜素、膳食纤维、维生素、蛋白质以及钙、磷、铁等元素，具有较高的营养价值。哈密瓜酒是以新鲜哈密瓜或哈密瓜汁为原料，在低温条件下，利用酵母菌将哈密瓜中的糖转化为酒精等物质，再通过陈酿过程，得到香味醇正、酒体澄清、色泽清亮、风格独特的哈密瓜酒产品。主要工艺流程如下。

原料采收→清洗、分选→切分（去皮、籽）→榨汁（破碎、打浆）→静置澄清（加果胶酶）→压榨过滤→调糖→入罐→接种发酵→终止发酵→低温静置→分离过滤→满罐陈酿→澄清→过滤→杀菌→装瓶。

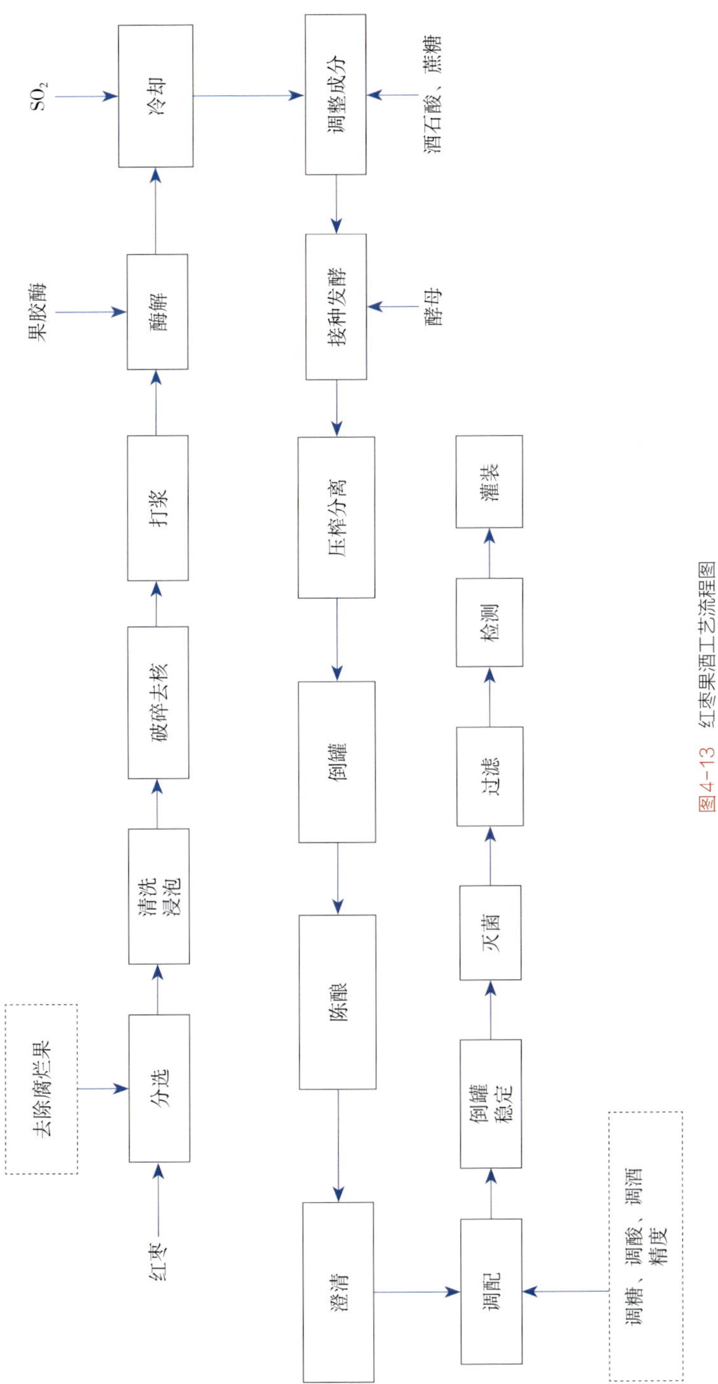

图4-13 红枣果酒工艺流程图

（2）哈密瓜蒸馏酒

向去皮、破碎、打浆后的哈密瓜醪中添加30mg/L果胶酶，在室温条件下酶处理6～8h，然后在18～20℃条件下进行酒精发酵。发酵结束后得到的哈密瓜原酒需陈酿6～8个月再进行蒸馏。通常采用干邑法（夏朗德壶式蒸馏法）和雅文邑法（连续蒸馏法）2种蒸馏方式制备哈密瓜蒸馏酒。蒸馏时，一次蒸馏采用急火蒸馏，温度控制在95℃左右，按基酒的1%截取酒头；二次蒸馏选用文火缓慢蒸馏，温度控制在90℃左右，按基酒的0.5%截取酒头；所得蒸馏酒酒精度控制在50%（体积分数）左右截取酒尾，哈密瓜蒸馏酒需密封储藏1年以上再进行灌装。

第五章

葡萄酒的营养保健

葡萄酒是一种营养丰富、极具保健作用的碱性酒精性饮料。1L葡萄酒含有2510～4184J的热量，葡萄酒中的酒精在人体内产生热能的95%是可用的。下面让我们共同分享一下葡萄酒的保健功效。

一、葡萄酒的组成

葡萄酒的成分相当复杂，它是经自然发酵酿造出来的果酒，其中含有水分、糖类、蛋白质、醇类、有机酸、无机物质及几十种氨基酸和多种维生素等十大类物质。

1. 水

水是葡萄酒最主要的成分，是酒中所有成分的载体，葡萄酒中的水分含量为70%～90%。葡萄酒中的水是葡萄根系从土壤中直接吸收的。在19世纪的欧洲，频发的霍乱和斑疹伤寒等疾病污染了水源，在这样的背景下，葡萄酒则被当作一种相对安全卫生的饮品，在一定程度上成了饮用水的替代品。

典型特点：含量最多，也是所有成分的载体。

2. 醇类

（1）乙醇

葡萄酒中最主要的醇类物质是乙醇。乙醇是酵母菌利用葡萄浆果中的糖进行发酵的主要产物，是葡萄酒香气和风味物质的载体，使葡萄酒具有醇厚和热感，是葡萄酒风味的主要影响因素，也是葡萄酒风味的重要组成成分之一。葡萄成熟度、酿造方式等会影响乙醇的含量，一般来说，葡萄酒中乙醇含量并不高，为7%～16%（体积分数），特殊的自然甜型葡萄酒和加强葡萄酒可达到23%（体积分数）。

典型特点：可以支撑葡萄酒的骨架，更是葡萄酒之所以为酒的关键。

（2）甘油

葡萄酒中除水和酒精外，占比最多的就是甘油。甘油是酒精发酵的主要副产物，其含量通常为5～12g/L，葡萄的成熟度和发酵温度等都会影响最终的甘油含量。糖和甘油都可使葡萄酒具有圆润和肥硕感。

在影响酒体的成分中，甘油也是不可忽略的一大因素。因为甘油有助于提升葡萄酒的口感和质地，能给葡萄酒带来甜美圆润之感。值得一提的是，甜型葡萄酒中甘油含量较高。

典型特点：甘油是酒精发酵副产物，可以提升葡萄酒的口感和质地。

（3）高级醇

除乙醇外，酵母发酵也产生了许多其他少量的高级醇，如戊醇、异丁醇以及多元醇等，这些醇类大部分对人体有益。高级醇可以给葡萄酒带来芳香味，不过有的高级醇也可能给葡萄酒带来负面影响。

典型特点：给葡萄酒带来一定的芳香味，过量易带来负面影响。

（4）其他醇类

葡萄酒中还有许多其他醇类物质，如山梨醇和甘露醇等。山梨醇可以加强肠胃对食物的吸收，进而有助于人体消化，还可以调整胃肠功能，防止便秘；甘露醇也有利尿功效。

典型特点：可以增加复杂度，对人体健康有一定的益处。

3. 糖类

葡萄果实中天然存在着诸多的糖分，主要是葡萄糖、果糖，还有少量的多糖如果胶多糖、甘露聚糖，以及少量的戊糖等。葡萄酒是以葡萄为原料发酵而得，葡萄中的糖会有未经发酵的部分残留在葡萄酒中。

葡萄酒中所含的糖类绝大部分是葡萄糖和果糖，葡萄酒的糖分含量因其类型而异，根据GB/T 15037—2006《葡萄酒》规定，葡萄酒可分为干型、半干型、半甜型和甜型，以下是各种类型葡萄酒的糖分含量（表5–1）。

表5–1 各种类型葡萄酒的糖分含量

类型	干型	半干型	半甜型	甜型
残糖 /（g/L）	≤ 4	4～12	12～45	≥ 45
口感	接近于无甜味	微具甜感	甘甜、爽顺	甘甜、醇厚

葡萄酒中的多糖不仅来源于葡萄果实，还有部分来自酵母和其余微生物。一定量的糖分可以改善葡萄酒的口感，同时也是平衡酸度的关键。特别是半甜、甜型葡萄酒中的含糖量较高，能直接被人体吸收，成为人体能量的直接来源。

典型特点：在甜酒中含量最多，是酸甜平衡的关键。

4. 有机酸

葡萄酒中的酸是重要呈味物质，也承担起葡萄酒骨架的构成。葡萄酒的酸度既与葡萄品种有关，也与环境气候、酿造方式等相关。

葡萄酒中主要有6种酸，分别是葡萄本身含有天然的酒石酸、苹果酸、柠檬酸等和发酵过程中形成的乳酸、琥珀酸和醋酸等。其中，酒石酸占比最大。每升葡萄酒中含酒石酸2～7g，苹果酸0.1～0.8g，柠檬酸0.10～0.75g，这些酸类与人体的新陈代谢密切相关，是维持体内酸碱平衡的重要物质，同时也可以促进消化液的分泌，促进食欲，帮助食物消化吸收。葡萄酒含酸量过低，则口味平淡，贮藏性差；相反，含量过高，则酒体粗糙、瘦弱。因此，酸影响葡萄酒的协调感和贮藏性。随着陈年的进行，葡萄酒中的酸会慢慢衰弱，酸度是判断白葡萄酒陈年潜力的重要依据之一。

通常，葡萄酒中挥发酸的含量几乎可以忽略不计，不过少量的挥发性酸也可以增加葡萄酒的复杂度。当挥发性酸含量过多时，就会带来一种刺鼻的不悦气味，因而葡萄酒是否破败正是通过挥发性酸的含量来判定。通常，葡萄酒的挥发性酸主要指乙酸（又称醋酸），而醋酸菌的生长需要氧气，因此杜绝空气进入酒液中即可限制其释放醋酸，从而可以防止葡萄酒变质。醋酸是葡萄酒中主要的挥发酸，少量醋酸能够起到提升葡萄酒复杂性的作用，过量醋酸则是葡萄酒细菌败坏的表现。

典型特点：葡萄酒中绝不能少的物质，也是构成骨架的关键成分。少量挥发酸可以增加复杂度，是否过量是衡量葡萄酒是否变质的关键。

5. 酚类物质

葡萄酒中的单宁（又称原花青素）、花青素、酚酸类、白藜芦醇等都是常见的酚类化合物，它们是赋予葡萄酒口感、颜色和复杂度的关键。提到葡萄酒的保健功效，一定离不开的就是酚类物质。它们既能赋予葡萄酒特殊的颜色和风味，有益于人体健康，具有杀菌、抗氧化等作用，并且能够预防心血管类疾病。通常，红葡萄酒中的酚类物质要高于白葡萄酒。

（1）单宁

在所有酚类物质中，人们最熟悉的莫过于单宁了。单宁又称原花青素，是黄烷-3-醇单体经过聚合而成的一类多酚化合物。可加强人体细胞的抗氧化活性，其抗氧化作用是维生素C的20倍，维生素E的50倍，可以减少自由基的破坏。另外，原花青素还能保护大脑与神经组织，因为它有跨越血脑屏障的独特能力，能改善血液循环，抑制细胞突变等作用。

红葡萄酒酿造过程中的浸渍工艺使果梗、果皮和种子的单宁溶解在葡萄酒中，其含量通常为1～5g/L，它影响着葡萄酒的结构感和成熟特性。单宁是葡萄酒中涩感的来源，是红葡萄酒的骨架，支撑起了红葡萄酒的结构。单宁也是判断红葡萄酒陈年潜力的重要依据。

（2）花青素

花青素是红葡萄酒中的呈色物质，是一类安全、无毒、具有极高抗氧化性的天然化合物，由于其独特的功能性，常被应用于清除体内自由基、抗肿瘤、抗癌、抗炎、抑制脂质过氧化和血小板凝集、保护视力等。

（3）白藜芦醇

葡萄酒中的重要功能性成分——白黎芦醇，这是一种天然的抗氧化剂，它具有延缓衰老，阻止低密度脂蛋白的氧化，防治心血管疾病，影响脂类及花生四烯酸代谢，抗血栓、抗炎、抗过敏等作用。可降低血液黏稠度，抑制血小板凝结和血管舒张，保持血液畅通，可预防癌症的发生及发展，具有抗动脉粥样硬化，防治冠心病、缺血性心脏病和高血脂的作用，还有抑制肿瘤、治疗乳腺癌等疾病的作用。

（4）槲皮酮

槲皮酮是植物色素成分，是葡萄酒中的类黄酮物质之一，具有较强的抗氧化性，抑制冠心病、动脉粥样硬化、消除自由基、抗癌和抗炎症。该物质拥有抗氧化剂与血小板抑制剂的双重“身份”，保护血管弹性使血液畅通。它能够抵抗阳光辐射、化学反应，以及日常生活压力所造成的化学损伤，并能够通过阻止胆固醇的吸收来预防心脏病等。

典型特点：赋予葡萄酒口感和颜色，其功效对人体非常有益。

6. 酯类

葡萄酒中的醇类物质和酸类物质之间的相互作用会产生酯类物质，酯类物质通常都具有挥发性，并且带有气味，典型的香气主要有草莓、覆盆子、苹果、花香和坚果等。葡萄酒中的酯类风味物质主要有乙酸乙酯、乙酸异丁酯、丁酸乙酯、乙酸异戊酯、己酸乙酯、乳酸乙酯、辛酸乙酯和癸酸乙酯等。

葡萄酒所含的酯类物质中，含量最高的通常为乙酸乙酯，其风格特征比较偏向酸性物质，像是葡萄醋的风格。通常在所有的葡萄酒中，甚至所有的发酵饮料中，都有它的身影。当乙酸乙酯在葡萄酒中的含量为50~60mg/L时，它会增强葡萄酒香气的复杂度；当其含量增加到80~100mg/L时，会增加葡萄酒口感的坚硬度；而当其浓度达到120~150mg/L时，会产生令人不悦的感觉。

葡萄酒中酯类物质含量虽低，但却是让葡萄酒带有果香的关键所在，例如琼瑶浆典型的荔枝味其实就来自葡萄酒中的酯类。

典型特点：给葡萄酒带来果香味。

7. 醛类

葡萄酒中的醇类可氧化转变成其他醛类，如糠醛和反-2-壬烯醛，这些醛类带有煮蔬菜和木头味。同时乙醇过度氧化可转变成乙醛，葡萄酒中的乙醛是一种挥发性化合物，少量的乙醛有助于增加愉悦的果味，如果过量的话则被视为缺陷，通常表现为烂苹果味。一般来说，白葡萄酒中的乙醛含量略高于红葡萄酒。当然就葡萄酒整体而言，这个含量都是微乎其微的。不过，雪利加强酒是个例外，其乙醛含量可以达到90~500mg/L。

典型特点：醛类物质少量可以增加愉悦度，过量则被视为缺陷。

8．蛋白质及氨基酸

蛋白质和氨基酸是生命构成的重要组成物质，自然也在葡萄酒中出现。红葡萄酒中由于有单宁的存在，蛋白质含量较少，白葡萄酒中的各种蛋白质大多来源于葡萄，不稳定蛋白质的存在也是白葡萄酒浑浊变质的原因之一。

氨基酸是人体生存必不可少的成分，酵母也需要氨基酸来进行高效地发酵。在最终出产的葡萄酒中，脯氨酸的含量最高，因为发酵过程不需要利用这种氨基酸，此外精氨酸的含量也相对较高。葡萄酒中有25种氨基酸，人体必需的8种氨基酸在葡萄酒中都能找到，并且这8种氨基酸的含量与人体血液中的氨基酸含量和比例非常接近。因此，适量饮用红酒，可以补充机体所必需的氨基酸，维持代谢平衡。

典型特点：补充氨基酸，维持代谢平衡。

9．维生素

葡萄酒中含有非常丰富的维生素，有B族维生素、维生素C、维生素E、维生素P等。其中B族维生素含量最高，而且不会因为酒的陈酿而受到损害。特别是维生素B_1的含量最多，维生素B_1能够促进糖代谢，消除人体疲劳和适度兴奋神经。维生素B_2则能够使细胞进行氧化还原反应，可以有效预防和协助治疗口角溃疡、防止眼角膜病变和老年性白内障；维生素B_3有助于保护身体组织和神经系统健康，能够美化肌肤、滋养肌肉；维生素B_5则能保护皮肤，维护神经和预防癞皮病，并具有一定的美容功效；维生素B_9和维生素B_{12}能够促使红细胞新生和血小板的形成，对贫血也有一定辅助功效。

葡萄酒中含有大量的肌醇，其功能主要是提高肝和其他组织中脂类的新陈代谢，有效防止脂肪肝，降低血液中的葡萄糖和胆固醇含量，提高脾胃消化和吸收能力，增强食欲。

典型特点：种类多，能帮助人体维持正常的生理机能。

10．矿物质

葡萄酒中含有丰富的矿物质。每升葡萄酒中氧化钾含量为0.45 ~ 1.35g、氧化镁为0.10～0.25g、五氧化二磷为0.4～0.9g。葡萄酒中所含的钙、钾、锰、锌等元素在促进骨骼、肌肉的生长和发育，防止血管硬化等方面发挥着重要作用。

葡萄酒中还存在少量非有机盐，例如钾、氮、磷、硫、镁、钙等，不过，它们并不是葡萄酒矿物味的来源。葡萄酒中的微量矿物质是测定葡萄酒起源的一个重要依据，通过分析金属成分的含量，判断一款特定的葡萄酒可能来自某一特定的葡萄园，对葡萄酒的追根溯源有重要意义。

典型特点：可以帮助追溯葡萄酒起源。

二、葡萄酒与我国传统医学

1．中医与酒

在我国古代的文献中，很早便有关于饮酒的记载。酒与饮酒早已成为我国传统文化中一个必不可少的组成部分。

酒文化与中国传统医学更是有着长远而密切的联系。酒有多种，然其功效大都为“通血脉，温肠胃，御风寒”。酒性温，味辛而苦甘，温能祛寒，辛能发散，所以酒能疏通经脉、行气活血、温阳祛寒；又因酒多为谷物酿造，味甘能补，故还可补益肠胃。

医家之所以喜好用酒，是取其善行药势而达于脏腑、四肢百骸之性。《汉书・食货志》中说：“酒，百药之长”。对于这句话，既可以理解为在众多的药物中，酒是效果最好的药，又可理解为酒可以提高其他药物的效果。酒的发散之性可以帮助药力外达于表，使理气行血药物的作用得到较好的发挥，也能使滋补药物补而不滞。其次，酒有助于药物有效成分的析出。

中医认为，白酒有温通经脉、舒筋散寒、通络止痛、引行药势之功，适用于寒滞经脉、瘀血内阻、风湿痹痛、筋脉挛急及导引药等。《本草纲目》言酒“少饮则和血行气，壮神御寒，消愁遣兴，痛饮则伤神耗血，损胃亡精”。

黄酒是我国最古老的饮料酒，它以糯米为原料，酒曲为糖化发酵剂，经酿造而成，酒精含量仅为15%～16%，是较理想的酒精类饮料。中医认为，黄酒有行药势、通经络、行血脉、温脾胃、养皮肤、散湿气之功，适用于风湿痹痛、骨节疼痛、消化不良、冻疮、手足不温等。秋冬温饮黄酒，可有效抵御寒冷刺激，预防感冒。

米酒，又名醪糟、酒酿、甜酒、糯米酒，是蒸熟的糯米拌上酒酵母发酵而成的一种甜酒。中医认为，本品有益气养血、散寒活血、散结消肿之功，适用于纳差食少、胃脘冷痛、虚寒痛经、妊娠水肿、乳汁稀少或分泌不足等。《随息居饮食谱》言其“补气养血，助运化”。

我国古代医学家很早就认识到葡萄酒的滋补、养颜、强身作用。中医认为，葡萄酒有温通经脉、舒筋散寒、通络止痛、引行药势之功，适用于寒滞经脉、瘀血内阻、风湿痹痛、筋脉挛急等。

《中国居民膳食指南（2022）》建议，成年人一天饮用酒的酒精量不超过15g。因此建议大家科学饮酒、适量饮酒。

2．古籍记载

《诗经》中便有“以此春酒，以介眉寿”的诗句，意思是说饮酒可以使人长寿。

《汉书·食贸志》中说：“酒者，天之美禄，帝王所以颐养天下，享祀祈福，扶衰养疾”。认为酒是上天赐予的美食，把酒与帝王的享乐、养生联系到了一起。

秦汉时期的《神农本草经》是我国现存较早的药物学重要文献，其中记载“葡萄，主筋骨湿痹，益气倍力，强志可作酒”。

15世纪《滇南本草》称“葡萄大补气血、舒筋活络、泡酒服之”。

明代李时珍在《本草纲目》中对葡萄酒有助于身体健康给予了肯定，记述“暖腰肾，驻颜色，耐寒”。

元朝忽思慧在《饮膳正要》中对葡萄和葡萄酒的功效也作了介绍。《饮膳服食谱》上记载“葡萄酒运气行滞使百脉流畅”。

《古今图书集成》内记载“葡萄酒肌醇治胃阴不足、纳食不佳、肌肤粗糙、容颜无华”，也说明了葡萄酒有消除疲劳、促进血液循环、增进食欲、帮助消化和美容的作用。

三、葡萄酒与国外医学

在古代，许多国家和地区都会将葡萄酒用作医疗用途，如古埃及、古罗马、中国和古希腊。古人用葡萄酒治疗许多疾病，葡萄酒可以用作伤口的消毒剂，还可以作为溶解其他药物的溶剂。另外，古人还会把一定量的葡萄酒加到水中，调和出一种能够预防水传疾病（如伤寒）的药剂。

公元前3000年~公元前400年：葡萄酒浸泡草药

公元前3000年，古埃及人将葡萄酒作为药来用。在摩羯大帝一世（King Scorpion I）的古墓中发现了一个罐子，其历史可追溯到公元前3150年，罐子有盛放葡萄酒、香油、香菜、鼠尾草和薄荷的痕迹。该发现表明，当时古埃及人已经把草药溶解在葡萄酒中，用来治疗胃病、疱疹等疾病。

尽管古埃及以及中国似乎早在3000年前便流传着浸泡药酒的习惯，但最早有确凿文字记载的酒药方诞生于公元前400年——古希腊“医药之父”希波克拉底（Hippocrates，图5-1）在其著作中记录了一种治疗蛔虫病的药方，由葡萄酒浸泡数种草药配制而成。希波克拉底赞同古埃及人认为的葡萄酒可以减轻胃病的看法。他还特别提到，红葡萄酒有助于解决消化问题，白葡萄酒有助于预防膀胱方面的问题。此外，希波克拉底本人也是葡萄酒饮用的提倡者，认为多饮用葡萄酒能起到“健胃、保持体液丰盈”等保健的作用。希波克拉底还认为，葡萄酒能达到为伤口消炎的作用。

图5-1　古希腊“医药之父”希波克拉底

公元前70年：葡萄酒有助于消化

希腊医生狄奥斯科里迪斯（Dioscorides）编写的制药百科全书*De Materia Medica*（药物学，世界上最早带有插图的药学专著）中，在第五册中提到了葡萄酒的疗效。书中记载“葡萄酒有助于消化，以及对女性痛经有缓解作用。”

公元10世纪以后：葡萄酒用于精馏酒精

在中世纪，披着炼金术面纱的精馏技术开始在欧洲发展起来，在最初的时候，炼金术师（药剂师）们尝试精馏酒液是为了制作安全健康的饮料。受卫生条件限制，那时候的欧洲鼠疫、霍乱、天花横行，连喝水都是冒着生命危险的行为。而含有酒精、经高温消毒的酒显然对人体更加安全可靠。到了13世纪的时候，欧洲的药剂师已开发出用酒精溶解的草药剂在市场上销售。

公元15世纪前后：葡萄酒作为药酒

15世纪，欧洲迎来了大航海时代（图5-2），此时意大利、西班牙的知名药酒剂师们可以从他们服务的贵族手中得到来自世界各地琳琅满目的香料、果实和药材。通过他们辛勤的尝试，药酒家族的成员开始不断扩充。为了抵御冬季严寒，罗马人索性把红葡萄酒加热饮用。后来，他们又觉得单喝葡萄酒比较乏味，又在加热的红酒中放入香料和水果，调成不同的口味，热红酒以“药酒”身份受到欧洲人的欢迎。古代欧洲盛行“体液学说”，当时，医生们认为葡萄酒是干冷的，喝之前加热并加些糖和香料，会让身体更加健康。

图5-2 欧洲“大航海时代”

19世纪：用葡萄酒代替水

微生物学之父路易·巴斯德称“葡萄酒是所有饮品中最健康、最卫生的”。

此时，水经常被霍乱和伤寒病毒污染。直到新灭菌技术的发现这一局面才发生改变。19世纪晚期，维也纳一名教授通过科学实验向人们展示葡萄酒可以杀死霍乱、斑疹中的细菌，这似乎与希波克拉底认为葡萄酒有助于消化有异曲同工之妙。那时，专家们建议用葡萄酒给水消毒，在喝水前将水与葡萄酒混合6～12h，这一做法在欧洲部分地区延续至第二次世界大战时期。古希腊人也会用葡萄酒给水做消毒处理，让人们可以健康地饮用水。早在人们发现红葡萄酒有助于预防普通感冒前，法国南部一名医师阿诺德·诺瓦（Arnaldus de Villa Nova）详细描述了葡萄酒如何缓解鼻窦炎。

20世纪：葡萄酒是能量补充剂

20世纪初期，医疗专业人员会让无法正常饮食的患者摄入酒精以补充身体能量。在某些情况下，酒精可能占患者每日摄入能量的40%！酒精具有高卡路里密度（每克含29.288J能量）和容易被人体吸收的优点，因而成为医生青睐的能量补充剂。

20世纪20年代，人们开始关注酗酒问题，烈酒名声越来越差，社会各界提出饮酒适量的呼吁。

20世纪80年代，法国在吸烟率、高血压患病率及其他危险因素方面与美国、英国等国家差不多，但法国人心脏病的死亡率比这些国家都要低。因此人们认为，造成这种现象的原因是法国人大量饮用葡萄酒，尤其是红葡萄酒，从而预防心脏病。

20世纪90年代，法国悖论成为头条新闻，大众开始关注红葡萄酒的保健作用。

四、葡萄酒的保健功效

葡萄酒不仅是一种酒精饮料，也是一种充满历史和文化的佳酿。葡萄酒作为一种美味和充满魅力的饮料，不仅具有多种保健功效，还能带来愉悦的享受。如今，越来越多的人开始关注葡萄酒的功效和功能，而不仅是将其作为享受的一种方式。通过适量地饮用葡萄酒，我们可以提升心脏健康、促进消化、改善睡眠，并在社交和美食文化中找到更多的乐趣。

适度饮用葡萄酒对身体益处多多。研究表明，对适度饮酒的人来说，红葡萄酒可以降低肺癌和结肠癌的风险；而对过量饮酒的人来说，则可能增加肺癌、结肠癌、肝癌、胃癌和乳腺癌等癌症的风险。红葡萄酒中的白藜芦醇可能有助于治疗老年痴呆，因为白藜芦醇可能抑制老年痴呆症患者体内的 β－淀粉蛋白在人脑中积累。

美国最新研究发现，葡萄皮和籽中含有大量可以预防心脑血管病的类黄酮及强力抗氧化物白藜芦醇等。它们具有药物阿司匹林的溶血栓、抗血凝集作用，可预防缺血性脑中风。葡萄皮可降低胆固醇和血糖，还有抗癌作用。一项关于葡萄酒对血液循环影响的研究显示，饮用红酒后抗氧化剂的抗氧化能力明显提高。尽管葡萄酒对有害的低密度脂蛋白胆固醇含量没什么影响，但有利于健康的高密度脂蛋白胆固醇的含量增加。

葡萄酒对多种中枢神经系统损伤具有改善作用，其作用与葡萄酒中多种成分，特别是多酚类活性成分的存在有关。葡萄酒可以保护神经细胞，抑制脑内的氧化应激损伤，延缓或改善中枢相关疾病的发生发展。目前，许多实验已经分别从不同水平和模型上证实，葡萄酒尤其是红葡萄酒对中枢神经系统的保护作用源于其抗氧化活性。流行病学调查发现，每天喝3～4杯葡萄酒的人，3年后患阿尔茨海默病的概率比少饮或不饮葡萄酒的人降低了80%，研究者认为原因之一是葡萄酒特别是红葡萄酒中的多酚类活性物质能够使体内抗氧化活力增加。

《葡萄酒使你青春常在》的作者理查德A. 巴克斯特博士说，女性每日一杯葡萄酒可抗衰老，其机制与葡萄酒中的抗氧化成分有关。抗氧化剂吸收了在老化和年龄相关性疾病中起作用的自由基。在葡萄酒中，葡萄皮和籽参与发酵过程，因而葡萄酒富含多酚类物质，能够在对抗衰老方面起到积极的作用。

1. 强身

葡萄酒和大多数食物不一样，它含有大量微量元素和各种维生素，在合理饮用范围内，葡萄酒能直接对人体的神经系统产生作用，提高肌肉的张力，使肌肉达到放松状态，可消除疲劳、兴奋神经，给人以舒适、欣快的感觉。尤其对于受焦虑影响的人来说，饮用少量的葡萄酒可以达到平息焦虑心情的效果，因此，葡萄酒对维持和调节人体的生理机能起到良好的作用。

2．预防心血管疾病

红葡萄酒中含有较多的花青素、单宁（又称原花青素）等酚类物质，对人体心血管病的防治起重要作用。现代医学研究表明，葡萄酒中的多酚具有抑制血小板聚集和抗炎、抗过敏作用；能够有效地阻止血管内血栓的形成；同时对抗动脉粥样硬化和冠心病、缺血性心脏病、高脂血症具有良好的防治作用。

3．防癌、抗癌

葡萄中含有一种芪类化合物——白藜芦醇。近年来国内外学者已进行了大量研究，结果表明白藜芦醇可影响脂类及花生四烯酸代谢，可有效防止健康细胞癌变，防止癌细胞扩散。临床研究表明，适量饮用红葡萄酒会降低某些癌症的患病率，包括肺癌、结肠癌、上消化道癌及皮肤癌。

4．利尿、预防肾结石

白葡萄酒中的酒石酸钾和硫酸钾含量较高，具有利尿、预防肾结石功效。慕尼黑大学医学研究所经临床观察发现，经常适量饮用白葡萄酒的人得肾结石的概率要比不饮酒的人低36%。

5．美容养颜、抗衰老

葡萄酒中的维生素C是强有力的外源性抗氧化剂，具有清除自由基，保护细胞和器官免受氧化，维持细胞正常功能的作用。经科学研究发现，红葡萄酒中的多酚能促进肌肤的新陈代谢，防止肌肤皱纹、皮肤松弛、脂肪积累等情况发生，而且优质的红葡萄酒中含有丰富的铁元素，能起到补血的作用。

6．杀菌、抗病毒功能

葡萄酒中的酒精与天然酸、多酚类物质的综合作用使葡萄酒具有杀菌作用。科学家研究表明，单纯疱疹病毒以及常见感冒病毒，在葡萄酒中会丧失活力，葡萄皮中含有苯酚类化合物，能在病毒体表形成一层薄膜，使其难以进入人体细胞。所以当人们感冒时，饮用热的红葡萄酒，可以起到减轻感冒症状的作用。意大利研究人员发现，葡萄酒含有杀菌成分，能杀死链球菌和葡萄球菌。

7. 助消化、促食欲

葡萄发酵酿成酒后，其本身的天然酸性物质全部溶解于葡萄酒中，其酸度接近胃酸（pH值为2～2.5）。而且葡萄酒中含有较多的酒石酸等多种有机酸，能刺激胃酸细胞分泌胃液，在胃中，每60～100mL葡萄酒能使正常胃液的分泌量增加120mL，也可以促进胰液的大量分泌，从而增强胃肠道对食物的消化吸收能力。此外，甜白葡萄酒含有山梨醇，有助于胆汁和胰液的分泌。

8. 助睡眠

20世纪初期，科学家发现葡萄及葡萄酒中含有一种成分叫褪黑素，这是一种由松果体分泌的生理激素，这种激素可以调节睡眠周期，治疗失眠。

第六章

吐鲁番产区葡萄酒品鉴

葡萄酒的独特之处就在于多种多样，变化多端。吐鲁番产区葡萄酒亦是如此，产区不同的气候条件、品种特色、酿酒风格、年份变化，都使葡萄酒特点不一、口味不同。只有掌握了品尝、品鉴方法并通过科学、系统的训练，才能独立欣赏葡萄酒的美妙。

一、基本知识

1．目的

品酒的原因与初衷是五花八门的。职业人士的品酒具有专业性和分析性，即通过葡萄酒品鉴来满足某种商业的需求。因此需要专业品鉴的葡萄酒必须达到特定的质量标准，酒质无瑕疵且兼具原产地的特性。对于普通的葡萄酒爱好者来说，除追求高品质的享受外，还要权衡葡萄酒的价格，以便有选择性地购买葡萄酒。

2．最佳时间

品酒的最佳时间应为上午10点至11点。经验证明：该时段人的精神与身体都处于最佳状态，感受力也是最强的。不过当人有轻微的饥饿感时，嗅觉与味觉的灵敏度会增强，所以晚上品酒也是一个不错的选择。葡萄酒爱好者们由于平时工作时间的限制，经常将品酒会安排在晚上6点至8点进行。显而易见，这时人们感官的灵敏度就远不及上午那么高了。

3．身体状况

品酒前务必要保持良好、健康的身体状况。尽量避免流鼻涕、服用药物、食用重口味菜肴或含酸量高的水果或使用牙膏等，因为它们会使品酒乐趣荡然无存。同时在品酒过程中要有间隔地休息，以避免降低嗅觉的敏感度。

4．选择葡萄酒

基本上唯有优质葡萄酒才值得品鉴。只有上等的葡萄酒才能透过其独特的口味来分辨出它的原产地和年份；而大规模生产的散装葡萄酒则缺乏特色，且当普通饮料来喝即可。

5. 品酒顺序

基本原则：由干葡萄酒到甜葡萄酒，由年轻的到陈年的，由小酒庄的到大酒厂的。

还要注意：先品清淡的干白葡萄酒，再品醇厚的红葡萄酒；先品年轻、清淡的红葡萄酒，再品高纯度或同类含残糖的白葡萄酒。

6. 挑选酒杯

品酒时，通常选用无色透明的玻璃杯。杯肚的顶端附近应呈锥形，以使香味汇聚于狭窄的杯口后直接传至鼻处。此外，手应该握于杯柱而非杯肚，以免手的温度使酒温升高而影响其香味。再则，手上的油脂和指印也会影响玻璃酒杯的清澈度。

倒酒时，倒入酒量约为酒杯的1/5～1/3，这样便于观察杯中酒的颜色。晃动酒杯，让酒释放出香气。

7. 避免香烟与香水

在室内品酒时，要避免喷洒香水或吸烟等情况。因为这些异味会干扰人们的注意力与品鉴的精确度，从而影响对酒的香味和口味做出最佳的判断。

8. 环境

品酒宜选择在安静、光线充足且无外界异味干扰的室内进行。室内要保持恒温（20～22℃）。最好采用色彩明亮的墙面与白色的餐桌作为背景，这有助于品鉴者准确地观察杯中酒的颜色。也可以拿一张白纸垫在酒杯下，同样能起到不错的效果。在一张白纸上画几个圆圈，再把酒杯的编号分别写在各个圆圈内，最后在每个圆圈上放上相应编号的酒杯即可。

9. 吐酒

专业品酒时一定要吐酒。即使在吐酒、没有咽下的情况下，仍会有少量的酒液和酒蒸汽通过唾液、口腔和鼻腔进入人体的血液中。假设品尝15种葡萄酒，无法避免的是有相当于半杯酒的酒精含量会进入我们的体内。

通常在专业的品酒室中会配置一个吐酒池。而在家中品酒时，最好选用香槟桶代替吐酒桶。若对吐酒毫无经验，那么最适合用装满锯末的桶作为吐酒桶。

二、品尝品鉴

葡萄酒品鉴顺序分为三步：观、闻、品，具体方法如下。

1. 看外观

（1）观澄清度

高品质葡萄酒应是清澈明亮的；反之，品质差的葡萄酒则多显乳白色、混沌、阴沉或模糊。

（2）观颜色

在光线充足的室内，桌上最好放置一张白纸作为背景，手握杯梗在白纸上方倾斜酒杯，使酒杯呈30°～45°，从上方观察酒液中心到边缘的颜色（图6-1）。白葡萄酒的颜色较为浅淡，所以在判断具体颜色时需要观察酒液中心的颜色，而红葡萄酒颜色深浓，可通过边缘色泽来判断酒液颜色。葡萄酒的颜色主要由果皮决定，但也会受到陈年时间、橡木桶等因素的影响，所以透过颜色可以初步猜测酒款的葡萄品种、年龄状态以及是否使用橡木桶陈酿等（图6-2）。

图6-1　观色

按照年轻至年老，白葡萄酒可以分别呈现出浅柠檬色和中等柠檬色、浅金黄色和中等金黄色、浅琥珀色和深琥珀色。简而言之，如果一款白葡萄酒颜色浅淡澄澈，则为年轻的葡萄酒，且一般不经过橡木桶陈年，其风格也会较为清新、淡雅；反之，如果一款白葡萄酒颜色深沉，倾向于琥珀色，则较为年老或经过橡木桶的陈年，其风格也会相对更浓郁、饱满和复杂。

红葡萄酒的颜色会随着时间的推移变得越来越浅淡，最终演变成为茶色色泽。一般而言，从年轻至年老，红葡萄酒的边缘会分别呈现出紫红色、宝石红、石榴红和茶色色泽。

图6-2　葡萄酒颜色

（3）观酒柱

摇晃酒杯之后，杯壁上会形成一层酒液膜和缓缓流下的一串串液体。这些像眼泪一样挂在杯壁上的液体便是酒柱，或称为“酒腿”，也称“挂杯”。酒柱的形成与酒精接触空气挥发有关，另外与残糖含量、甘油也有一定的关系。酒液膜黏度越高，酒柱越厚，流动的速度越慢，则大致可以推断该酒的酒精度较高，或残糖含量较高。

2. 闻气味

闻香（图6-3）是葡萄酒品鉴的一大重要环节，也是令人尤为愉悦的过程之一。为了让葡萄酒与空气的接触面积大一些，以便打开酒中隐藏的香气，在闻之前用力地晃杯，使酒液快旋至酒杯的边缘，然后让鼻子靠近杯口边缘，与酒杯保持1cm左右的距离，感受酒款的香气。

图6-3　闻香

（1）判断是否有缺陷

闻香在一定程度上可以判断葡萄酒是否有缺陷，常见的缺陷有氧化、橡木塞污染和酒香酵母菌污染等。

（2）闻香

一类香气（图6-4）：又称为品种香气。这类香气是葡萄品种本身所带来的香气，由葡萄品种本身的芳香物质决定。通常表现为各类水果香气和花香。其中，红葡萄酒往往表现出红色和黑色水果、浆果等水果香气以及玫瑰、紫罗兰等花香。白葡萄酒则往往表现出柑橘类水果和核果的香气，以及白花、接骨木花等颜色浅淡的花朵的香气。

二类香气（图6-5）：又称发酵香气，产生于酿造过程，与酿造工艺如橡木桶陈酿、酒泥接触陈酿和苹果酸-乳酸发酵等有关。经过橡木桶陈酿的葡萄酒往往

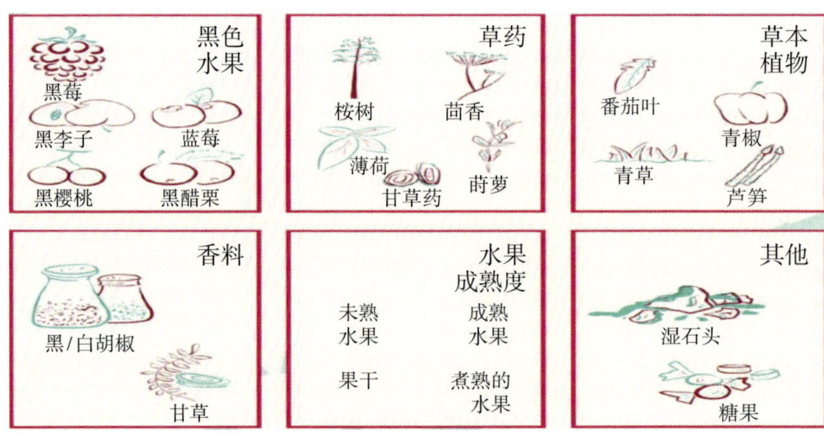

图6-4　一类香气

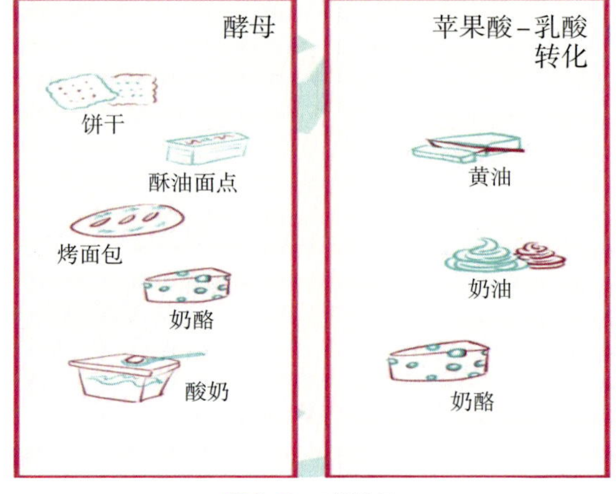

图6-5　二类香气

带有香草、椰子、雪松、肉豆蔻和丁香等的香气；经过苹果酸–乳酸发酵的葡萄酒则会带有奶油或黄油的香气；而与酒泥接触陈酿的葡萄酒则会呈现出饼干和烤面包的香气。

三类香气（图6–6）：又称陈酿香气，葡萄酒经过一定时间的瓶陈而发展出来的香气。这类香气常见的有森林地表、烟草、菌类、动物皮革和果酱等香气。

如果一款葡萄酒的主导香气是一类和二类香气，那么这款酒可能处于年轻阶段。如果一款葡萄酒三类香气皆有，那么这款酒则已经陈年了较长时间。

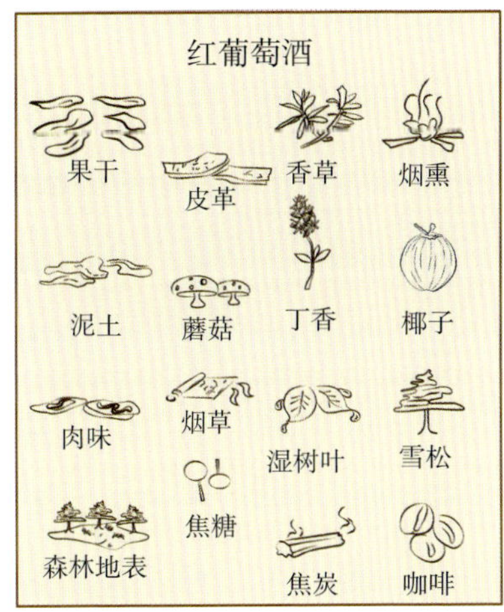

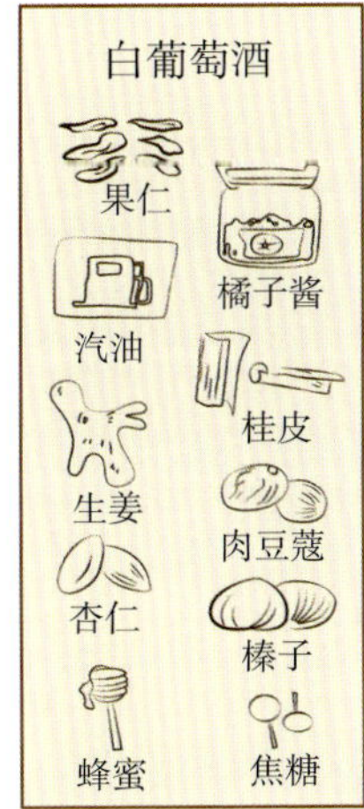

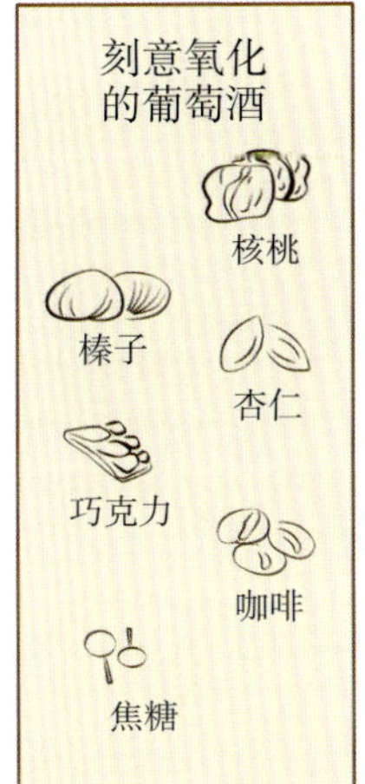

图6–6　三类香气

3. 品口感

通过味觉去感受葡萄酒可以说是解读葡萄酒最为重要的过程（图6–7）。经过口腔去感受葡萄酒，能够品尝出酒的风味、甜度、酸度、酒精度、单宁含量的高低和酒体的轻厚，从而综合评估一款酒的平衡性和品质高低。为尽可能地“读取”酒中信息，先小酌一口葡萄酒，轻轻地吸入气体，让酒在口腔中翻转并发出咕嘟咕嘟的声音。再慢慢地用舌头搅拌，让已和

图6–7　品味

氧气充分混合的酒液在舌头上滚动。经过搅拌，葡萄酒中80%的香味会由喉咙进入鼻腔，再通过嗅觉来感知葡萄酒的个性特征。

（1）风味

风味是口腔所感受到的味道，很多情况下，它和嗅觉上所感受到的香气类似，但因感官不同，所以感受到各风味的强弱程度也会有所区别。

（2）甜度

甜度由舌尖去感受，一般来说，干型葡萄酒的残糖含量较低，口腔很难感受到糖的存在。此外，甜味的感受会受到其他因素的影响，如酸度，高酸的葡萄酒也会令甜味不易被察觉。

（3）酸度

酸度一般通过舌头两侧感受。高酸的葡萄酒会令口腔分泌大量唾液，令葡萄酒品尝起来清新感和活力十足。品鉴时，当葡萄酒酒液不在口腔中时，依然分泌出大量唾液，那么这款酒即为高酸的葡萄酒。

（4）单宁

单宁是一种多酚类物质，可以通过舌头末端和牙龈去感受。如果口腔中呈现的涩感和苦感较为明显，牙龈褶皱感突出，舌头细胞如同被紧紧抓住，那么这款酒则拥有较高含量的单宁。

（5）酒精度

酒精度可以通过喉咙去感受。高酒精度会令喉咙产生明显的灼热感，给口腔带来沉重感，当然这种沉重感也可能是单宁等因素综合作用带来的；而低酒精度的葡萄酒品尝起来会显得略微单薄。

（6）酒体

换句话说，酒体其实是葡萄酒带给口腔的整体质感。酒精度是构成酒体尤为重要的因素，一定范围内，酒精度越高，酒体越饱满，酒精度越低，酒体则越清瘦。此外，单宁也是影响酒体饱满程度的主要因素之一，成熟、丰沛的单宁会给予葡萄酒圆润的口感和饱满的酒体；风味的浓郁度也能影响酒体的轻重程度。红葡萄酒的酒体一般来说会比白葡萄酒的酒体饱满，颜色浅淡的红葡萄酒大多会比颜色深浓的葡萄酒酒体轻盈一些。

（7）余味

品质优秀的葡萄酒余味复杂持久，品质一般的葡萄酒，余味则比较短暂。

三、品鉴方法

品酒一般分为专业品酒、品酒大赛以及品酒会这3种形式。品酒与喝酒是有区别的。大多数爱好者们对葡萄酒具有浓厚的兴趣，因此并不满足于单纯的享受，而会在饮酒时运用已掌握的知识和信息去比较与分析品尝时的感官印象。我们称这种非专业的品酒方式为业余品酒。

1．专业或官方品酒会

这通常是由学院、酒商、葡萄酒俱乐部或相关协会组织举办。葡萄酒业余品酒爱好者们可以在任何与葡萄酒相关的场合品酒，如葡萄酒博览会、朋友聚餐、家中或餐馆等。

2．开放式品酒

在这种场合，主办方会公开葡萄酒的详细信息，品酒者将完全知晓所品鉴的葡萄酒。半盲品也可称为半开放式品酒。它是指品酒者虽然了解所要品鉴的葡萄酒品牌，但并不知道它具体装在哪个酒杯中。品酒者一般可以事先做些有针对性的准备工作，以掌握所要品鉴的葡萄酒的细节情况。

3．盲品

盲品又被称为无提示品酒。在这一场合，通常用锡纸或套子包住酒瓶。并且按照品酒会各自的目的来制定相应的规则，有时会被告知酒的基本信息，如葡萄品种或原产地等。但多数情况下，品酒者并不知道杯中是什么酒，也不知道是哪种葡萄酒。

4．垂直式品酒法

这里是指用同一品牌或同一酒庄但不同年份的葡萄酒来做纵向的品评。不同年份的葡萄酒的特性是显而易见的，这样的品酒会有助于参与者很好地学习不同的气候条件对于酿制葡萄酒的影响，从而学会识别特定年份葡萄酒的鲜明特点。

5．水平式品酒法

这是指用同一年份但不同产区的葡萄酒进行品鉴比较。这类品酒的乐趣在于它能充分地展现葡萄品种、气候、风土以及不同酒庄的独特风格。

6．海盗式品酒

它是指在品酒派对上，某一瓶葡萄酒与其他测评的葡萄酒并不完全匹配，但又不乏些许关联性并适合进行比较。这瓶葡萄酒会被偷偷地放入品酒会上，至少以半盲品的方式进行品鉴。海盗式品酒派对总能带给人们出乎意料的惊喜。

四、葡萄酒礼仪

葡萄酒礼仪是在品尝和享用葡萄酒时遵循的一系列传统和规范，旨在展现优雅和尊重。要想真正体味到葡萄酒内在的品质和深刻的文化底蕴，要喝出它最好的味道，讲究葡萄酒的礼仪很重要。

1．指南

持杯方式：用拇指、食指和中指握住杯柱，这样可以避免直接接触葡萄酒杯体，影响其外观，同时显示优雅。

倒酒量：红葡萄酒倒满酒杯的1/3，白葡萄酒倒满1/2，起泡酒（如香槟）倒满3/4。

碰杯技巧：使用杯肚相碰，这样可以减少酒液溢出的风险，同时，在碰杯时，应保持眼神交流，并稍微倾斜酒杯。

从酒窖中取出酒瓶、进入餐厅以及打开瓶塞等，应该避免使酒瓶发生任何震荡。在倒出葡萄酒时应避免滴洒。

敬酒和碰杯：在敬酒时，应确保杯子举得略低于视线，并注视对方以表示尊敬，碰杯时应避免使用杯口，以免损坏酒杯。

斟酒技巧：在斟酒时，应握住瓶底，避免瓶口接触酒杯，以保持卫生并防止酒液溢出。

这些礼仪不仅有助于提升品酒体验，还能在社交场合中展现个人风度和品位。

2．选酒

（1）看产地

依据地理知识判断当地葡萄品质是否良好，即干旱少雨、光照充足地区的葡萄成熟好，无病害，农药污染少。

（2）看出厂日期

（3）看葡萄酒的寿命

按出厂日期算，一般酒龄5～6年都属于它的最佳饮用期。

（4）看酒中是否有沉淀或异物

异物如果是软木渣，则不影响饮用。沉淀物如果呈粒状，瓶倒立时沉淀迅速下降，且酒液仍透明，则多为酒石沉淀，亦不影响其饮用。如果酒体浑浊或有絮状物，则可能发生霉变，不宜选购。

（5）看颜色

干白葡萄酒多为微黄带绿，干红葡萄酒也有深红、宝石红、砖红等多种颜色。红酒的色度随红酒的陈酿而变化，新酒通常为深红色，陈酿酒边处的颜色变浅，并带有淡棕色。发暗失去光泽或酒体浑浊的干红葡萄酒不宜选购。

除此之外，选购葡萄酒时要注意3点：

一是选多年经营的名牌产品；

二是选择知根知底的产品；

三是到直销店、特约经销店或信誉度高的经销店选购。

3．场所

品酒的场所最好选在空气清新、气温凉爽的房间。室温以18～20℃为佳，淡雅的红葡萄酒的饮用温度约在12℃，酒精稍高的在14～16℃，口感丰厚的在18℃

左右，但最高不应超过20℃。因为温度太高会让酒快速氧化而挥发，使酒精味太浓，气味变浊。而太冰又会使酒香味冻凝而不易散发，易出现酸味。室内应避免有任何味道，如香水味、香烟味、花香味。另外还需要具备白色的背景，最好采用白色的桌巾和餐巾，以便衬在酒杯的后面观察酒色。

4．温度

酒水服务需要在特定的温度范围内进行，不同的温度对于同一酒款的表现会有较大的影响差异。实际的侍酒服务中，对于酒的温度控制建议在以下范围内（表6-1）。

表6-1　侍酒温度

类型	红葡萄酒		白葡萄酒		甜白葡萄酒	桃红葡萄酒	起泡葡萄酒
	轻盈	饱满	轻盈	饱满			
温度 /℃	10～13	15～18	7～10	10～13	6～8	7～10	6～8

5．时间

理想的品酒时间是在饭前，品酒之前最好避免喝烈酒、咖啡、吃巧克力、抽烟或嚼槟榔。专业性的品酒活动大多选在早上10～12点举办，据说这个时段，人的味觉最灵敏。

6．酒杯

葡萄酒杯种类虽多，在选购时仍有共同的基本原则。

（1）无色透明

（2）杯腹最好无装饰

以便于观赏葡萄酒的原色。

（3）材质不宜太厚

以免影响品尝时的触感。

（4）选用高脚杯子

这样转动酒杯观察时不会由于手的温度影响杯中的酒。

（5）葡萄酒杯使用过后应立即清洗

洗涤时先用温和的清洁剂洗净，再用热水冲洗，最后以不留棉絮的干布擦干，即可倒挂于杯架上，或将杯口朝上立放，以免积存闷臭气味。

气泡酒选用香槟杯，赤霞珠混酿用波尔多杯，黑比诺用勃艮地杯，干白葡萄酒用霞多丽杯。

在酒具使用前，要对着灯光看一看是否干净；再闻一闻是否有异味；倾角传感器更要慎重使用，大多餐厅并不懂得如何正确地清洁，除非很了解，否则尽量不要用。

7．开酒

（1）餐厅开酒前须知

①酒单呈递

葡萄酒酒单（wine list）会详细列出葡萄酒产地、酒庄、等级、年份及价格等，有些也会将葡萄酒的特色食物搭配建议等列在酒单上，大多数餐厅都以提供葡萄酒酒单的方式让客人做选择，而酒单又只呈送给主人或主人指定的其他人。

②酒瓶展示

将葡萄酒瓶放置在口布上，左手握住瓶身下方，右手握住瓶颈，将卷标朝上，保证客人能清楚地阅读酒标。

③客人验酒

开葡萄酒前需经过客人验酒，才能开始开启葡萄酒，需要确认的内容包括产地、酒庄、年份和价格等，只有等客人确认后才可以准备开瓶。

（2）开酒

优美的开瓶动作是一种艺术。开酒时，先将酒瓶擦干净，再用开瓶器上的小刀（或用切瓶封器）沿着瓶口凸出的圆圈状的部位，切除瓶封，注意最好不要转动酒瓶，因为可能会将沉淀在瓶底的杂质“惊醒”。

切除瓶封之后，用布或纸巾将瓶口擦拭干净，再将开瓶器的螺丝钻尖端插入软木塞的中心（如果钻歪了，容易拨断木塞），沿着顺时针方向缓缓旋转以钻入软木塞中，如果是用蝴蝶型的开瓶器，当转动螺丝钻时，两边的把手也会缓缓地升起，当手把升到顶端时，只要轻轻将它们往下扳即可将软木塞拔出（但如果软木塞太长，就很难一次将其顺利拔出来）。

在向软木塞中钻进时，应注意不能过深或过浅，过深会将软木塞钻透，使软木塞屑进入葡萄酒中；如果过浅则启瓶时可能会将软木塞拉断。

开瓶后，应先闻一闻软木塞，以确定其是否有异味（或木塞味，如果有则应换一瓶酒）。然后用棉布从里向外将瓶口部的残屑擦掉。目前，不少消费者或酒店在葡萄酒服务时，往往没有将胶帽的顶盖割除就直接用开瓶器拔软木塞。这是一种错误的方式，一方面会因胶帽顶盖的存在，导致软木塞不易被拔出；另一方面，瓶口和软木塞顶部的脏物没有被清除，会被带入葡萄酒中，同时还会给人带来不愉快的感觉。

8．醒酒

为什么需要醒酒？所有的葡萄酒都需要醒酒吗？

葡萄酒的香气通常需要一些时间才能明显地发散出来，尤其是一些陈年老酒，味道比较复杂、重单宁的酒，需要更长的时间醒酒。

对于年轻的酒，醒酒的目的是散除异味及杂味，并使酒体与空气发生氧化；老酒醒酒的目的是使成熟而且封闭的香味物质经氧化释放出来。通常老酒的醒酒时间比年轻的酒短，厚重浓郁型的酒比清柔型的酒所需的时间要长，至于浓郁的白酒及贵腐型的甜白酒，最好也花一点时间醒酒。

开瓶后非常重要的一点就是醒酒，即将瓶中的葡萄酒倒入另一个容器中，主要有以下两种类型。

一是老酒换新瓶，这样可以将沉淀物质去除，饮用时是否需要使用醒酒器视具体情况而定，因为有些老酒同空气大面积接触后会迅速氧化，香气会马上散去。

二是年轻的葡萄酒在醒酒器中通过与空气大面积接触来加速将其香气展现出来，另外也可以起到软化单宁的作用。

9．闻酒

第一次先闻静止状态的酒，然后晃动酒杯，促使酒与空气（尤其是空气中的氧）接触，以便酒的香气释放出来，再将杯子靠近鼻子，再吸气，闻一闻酒香，与第一次闻的感觉做比较。

第一次的酒香比较直接和清淡，第二次闻的香味比较丰富、浓烈和复杂，酒香可分为葡萄本身所发散出来的果香（不单只有葡萄的果香），发酵时所产生的味道以及好的葡萄酒成熟后转变成的珍贵而复杂、丰富的酒香。

闻酒时，应探鼻入杯中，短促地轻闻几下，不是长长地深吸，闻酒是否芳香，是否有清纯的果香或气味粗劣、闭塞、清淡、新鲜、酸、甜、浓郁、腻、刺激、强烈或带有羞涩感。气泡酒因为酒香随气泡散发，不需要摇杯，可以直接倒至七分至八分满，以方便观察气泡。

10．尝酒

让酒在口中打转，或用舌头上、下、前、后、左右快速搅动，这样舌头才能充分品尝3种主要的味道：舌尖的甜味、两侧的酸味、舌根的苦味；整个口腔上颚、下颚充分与酒液接触，去感觉酒的酸、甜、苦涩、浓淡、厚薄、均衡协调与否。

然后才吞下体会余韵回味，或头往下倾一些，嘴张开成小“O”状。此时口中的酒好像要流出来，然后用嘴吸气，像是要把酒吸回去一样，让酒香扩散到整个口腔中，然后将酒缓缓咽下或吐出。这时，口中通常会留下一股余香，好的葡萄酒余味可以持续15 ~ 20s。

11．佐餐

由于葡萄酒历来是作为佐餐饮料而存在的，所以建议应配合其他食物一起饮用。最好是在进餐时饮用。在喜庆家宴上吃鸡肉、牛肉等时，一般都要搭配饮用干红葡萄酒。干白葡萄酒具有新鲜幽雅果香及酒香、细腻、醇正、爽净的特点，在吃各种鲜贝、大虾、螃蟹以及各种名贵鱼时，更能突出各种菜肴的风味。冰酒晶莹透彻，果香幽雅芬芳，口味香醇甜美，甜而不腻，酸而不涩，与鲜贝、大虾、螃蟹等搭配时，口味极佳。

12. 上酒

按香槟、白葡萄酒、红葡萄酒、甜或半甜葡萄酒（如果有大份量的甜品搭配）、烈性葡萄酒（雪利酒、波特酒或干邑）的次序上酒，基本上是不会错的。其次是同类葡萄酒的上酒顺序，应该先白而后红、先淡而后浓重、先不甜而后甜、先年轻的酒而后陈年的酒，从清淡到浓郁，从轻酒体到重酒体，从简单到复杂，从干型到甜型，从年轻到成熟。

如果不想更换葡萄酒的品种，那么就应该变化葡萄酒的年份；同一品种的酒，按不同的年份划分先后上酒的次序。总之，要避免排在后面的酒被前一瓶酒的味道所干扰。

宴请客人时，可以先上白葡萄酒，后上红葡萄酒；先上新酒，后上陈酒；先上淡酒，后上醇酒；先上干酒，后上甜酒；酒龄较短的葡萄酒先于酒龄长的葡萄酒；斟酒宴会开始前，主人先给客人斟酒，以示礼貌。斟酒时不宜太满，以3/5为宜，给客人斟完酒后，主人才能自己倒。

13. 敬酒

宴会进行中，主要做到“献、报、酬”。“献”指主人先敬酒于宾客；客人饮毕后需回敬主人，此为“报”；然后为劝客人多饮，主人必先饮以倡之，此为“酬”。干杯时要碰杯，而且要碰出声响来。每逢碰杯，主宾均要站起身来，面向对方正视才算礼貌，否则为失礼。还有一个礼俗即是酒后吃饭，主人一般在旁陪饮，主人即使不喝酒，也不能先客而吃饭，否则为失礼。

14. 储存

一是酒瓶必须斜放、横躺或倒立，以便酒液与软木塞接触，以保持软木塞的湿润。

二是理想的贮酒温度在10～16℃，温度越低，成熟越缓，湿度在60%～80%，但湿度超过75%时酒标容易发霉。

三是恒温比低温更重要，要远离热源如厨房、热水器、暖炉等。如果没有理想的贮酒设备，又想买些酒放着慢慢饮用品尝，可以用报纸、尼龙等材料包装起来，这样可减少外界温度变化的影响，然后装箱，再找最凉爽而且不受日照影响的地方储藏。

四是避免强光、噪音及震动的伤害。

五是避免与有异味、难闻的物品如汽油、溶剂、油漆、药材等放置在一起，以免酒吸入异味。

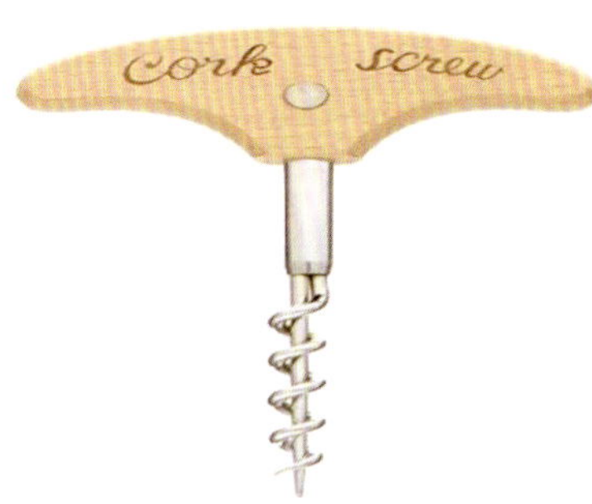

图6-8　螺旋开瓶器

15．常见开瓶器

（1）螺旋开瓶器（图6-8）

这是目前常用的一种开瓶器，多为塑料材质，结构简单。

（2）海马刀（图6-9）

这是目前应用最广泛的开瓶器，因为体积小，便于携带。前端小刀便于切割锡纸帽，再将螺旋钻头端旋入软木塞中心，一般分两段提起酒塞。

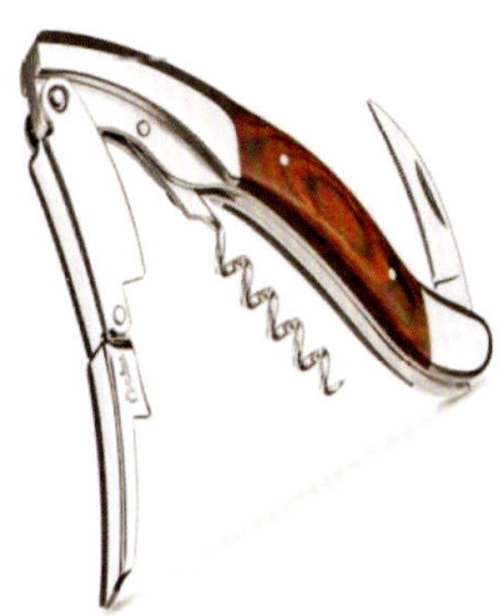
图6-9　海马刀

（3）蝶形开瓶器（图6-10）

此款开瓶器使用简单且省力，利用杠杆原理开启酒塞。只需将螺丝锥旋入木塞，扳动两侧把手即可。但缺点是没有切割锡纸的小刀，且不方便携带。

图6-10　蝶形开瓶器

（4）气压开瓶器（图6-11）

这是一种利用真空压气原理设计的开瓶器，将空气挤入瓶中，将酒塞推出酒瓶，特别适合女士使用，使用方便、省时、省力，也便于携带。

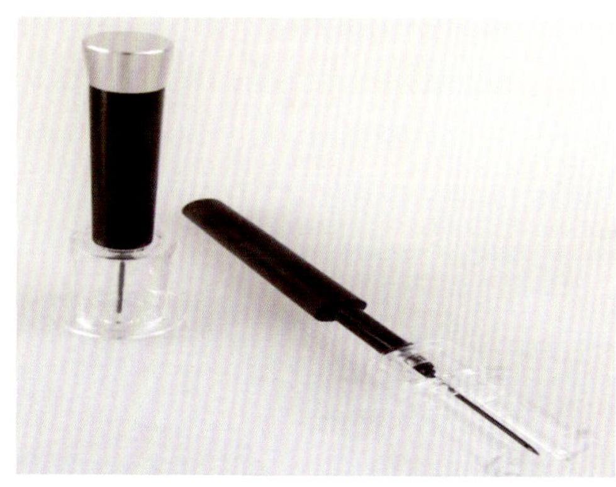

图6-11　气压开瓶器

16. 酒瓶（图6-12）

（1）波尔多瓶

波尔多瓶直身高肩，这种酒瓶也常被新世界产酒国酒商采用。

（2）勃艮第瓶

勃艮第瓶斜肩，瓶身较圆，瓶体厚重结实，用来盛装酒体醇厚、香味浓郁的葡萄酒。

（3）阿尔萨斯瓶

瓶身较高，容量和标准瓶一样都是750mL，瓶子直径较小，有点像棒球棍，一般用于装冰酒。

（4）香槟瓶

香槟或气泡酒的瓶子也是辨识度很高的葡萄酒瓶型之一，因为它们都戴着防护头盔（蘑菇塞）。为了承受巨大的瓶内压，香槟瓶瓶身较重，玻璃也较厚。

图6-12　常见葡萄酒瓶种类

17. 醒酒器

对于陈年葡萄酒、有还原香气的葡萄酒、酒体结构不均衡的葡萄酒来说，由于单宁（多酚）和色素及其他酒液组分会在漫长的陈年岁月中形成沉淀物，倒在杯中既不美观，又会使客人产生疑问。所以开瓶之后，对于上述葡萄酒，一般建议进行适当醒酒，以柔化酒体、释放香气、消散还原味等。具体操作：把酒平稳而缓慢地注入醒酒器，把沉淀物留在瓶底，这个过程即醒酒，俗称“换瓶”。醒酒器（图6-13），亦作醒酒瓶或醒酒壶，作用是让酒与空气接触，让酒的香气充分发挥，并让酒里的沉淀物隔开。

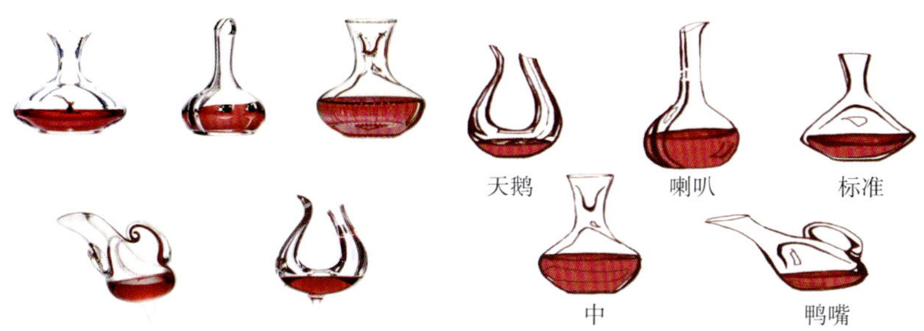

图6-13　醒酒器种类

18．酒杯

专业葡萄酒杯（图6-14）的功能主要是留住酒的香气，让酒能在杯内转动并与空气充分结合，展现其更多的层次性与丰富度。葡萄酒杯大致可以分为3种：红葡萄酒杯、白葡萄酒杯和香槟杯。

（1）波尔多杯

一般来说波尔多杯拥有最大的杯肚，最长的杯身。波尔多杯的设计主要迎合波尔多葡萄酒扎实的个性，提供相对多的氧气与酒液进行接触，因此有巨大的空间方便晃动酒液。杯壁较直，杯口较大，可让更多的氧气进来。

（2）香槟杯

细长的香槟杯又被叫作“笛型杯”，它的设计是为了展现从杯底不停释放、浮起的持续性气泡。

（3）白葡萄酒杯

白葡萄酒杯较长的杯壁方便晃动酒体，释放香气，较小的杯口方便锁住香气，较小的杯身不让太多氧气进来，以防过度氧化，避免酒体本不太强壮的白葡萄酒在杯中放置一段时间后垮掉。

（4）勃艮第杯

它的特点是杯口较小，因此整个杯身弧度更大，呈现一种“收紧”的感觉。这样设计是为了锁住杯内酒液的香气，不让细致的香气跑掉。

（5）INAO杯

这款杯也被称为“标准杯”，适用于所有类型葡萄酒的品评。所以这款杯子最常出现在葡萄酒展会或专门组织的葡萄酒品鉴会中，用于短时间内对不同款的酒在统一标准条件下做出判断。它杯壁很长，方便晃酒，同时杯口小，便于收紧香气。

图6-14　葡萄酒杯

注："oz"是衡量液体体积的英制式计量单位，中文称为"盎司"，1oz相当于30mL。

19. 葡萄酒小贴士

女士优先：在给女士斟酒时，先从年长的女士开始，再到年轻女士。在给男士斟酒时，先从长者开始，然后是年轻后辈。在为嘉宾斟酒时，先给主人斟酒，后按顺时针方向依次斟酒。

再添杯时征询客人意见：如果看到同桌客人的酒杯空了，不要马上起身斟酒，而应该礼貌地询问客人是否需要添杯，得到确定的回应后，再根据需要添酒。

最后一杯准则：如果餐桌上只剩下一杯酒，餐桌上有重要的客人或长辈时，应优先询问他们是否有饮酒需求。如果餐桌上都是同事或同龄人，而你又很想喝这款酒时，可以礼貌地询问："谁愿意与我分享最后一杯酒呢？"一些懂得社交礼仪的客人自然会让你独自享用的。

第七章

吐鲁番特色葡萄酒与美食

一、葡萄酒配餐

1．概述

品酒的乐趣还在于有美食相伴。如出席品酒会时，参与者能免于空腹喝酒之不适。另外，人们也可与三五知己在家中享用美酒与美食。若要尝试比较专业的餐酒搭配，可以去餐厅品酒，餐馆的厨师会与侍酒师或某酒商合作，不断尝试为自家的菜肴搭配最合适的葡萄酒。

在葡萄酒的历史中，酒与餐密不可分，酒与餐的搭配逐渐变成一种具有文明象征的生活方式。传统的“红酒配红肉、白酒配白肉”的法式餐配原则依然是餐酒文化的精髓体现。

（1）葡萄酒被称为佐餐酒的原因

烈酒配餐，高度的酒精会麻痹味觉，一般会导致胃口全无，影响人们对菜式的感受，而且伤胃。国际上一致认可烈酒应该是餐后酒。啤酒虽然度数低、易饮用，但是就餐喝啤酒不仅胀肚，而且啤酒的苦味会影响菜的鲜味。

最适合佐餐的是葡萄酒，所以葡萄酒的另一个名字就是餐酒。葡萄酒不仅酒精度适中，在7%～15%，而且酒里有酸，特别是白葡萄酒，酒里的酸能开胃，又能分解蛋白，使人们在进餐时越吃越有滋味。

（2）葡萄酒配餐的好处

开胃：干白、起泡酒、桃红葡萄酒都具有开胃作用。

消食和去油腻：葡萄酒有一定的酸度，无论是干白还是干红都能在一定程度上帮助消化，此外葡萄酒还有一定消脂作用。

清爽口腔：干白、起泡酒、桃红葡萄酒等都有清爽口腔的作用。

2．葡萄酒配餐基本规律

（1）蔬菜搭配葡萄酒

在饮食中，蔬菜占比很大，如今有越来越多的素食者，蔬菜搭配葡萄酒也是很有讲究的。

①生食蔬菜

如今我们的餐桌上出现了丰富多样的生食蔬菜，如茼蒿、生菜、甘蓝等，这一类菜最好搭配清爽型干白、起泡酒以及桃红葡萄酒。

②重油炒过的叶子类蔬菜

对于经过重油热锅烹炒的叶子类青菜，如炒油菜、菠菜，适合用酸度高一点的干白葡萄酒进行搭配，能去除油腻。还可以用口感单纯的起泡酒或桃红葡萄酒搭配。

③含淀粉类蔬菜

如土豆、红薯、南瓜、玉米、胡萝卜等，这类菜肴适合搭配酸度不是很高的芬芳型干白葡萄酒、起泡酒或桃红葡萄酒。

④肉类和蔬菜混合的炒菜

不少炒菜是荤素搭配的，比如鱼香茄子、鱼香肉丝、芹菜肉丝等，这一类炒菜可搭配中等酒体的起泡酒、桃红葡萄酒、清爽型干白、芬芳型干白以及浓郁酒体、带橡木桶气息的干白葡萄酒。

总之，以蔬菜类为主的饮食主要适合搭配起泡酒、白葡萄酒、桃红葡萄酒，而红葡萄酒并不太适合，越是浓郁的红葡萄酒越不适合。

（2）肉类搭配葡萄酒

①鸡肉

鸡肉比较嫩，基本上起泡酒、干白和桃红葡萄酒都很好搭配，如果是味道重而不甜的鸡肉，也可以搭配酒体不重的果香型红葡萄酒，但总的来说，白葡萄酒更适合搭配鸡肉。

②猪肉

猪肉属于红肉，起泡酒、干白和桃红葡萄酒都适合搭配。调味料重而不甜的猪肉餐品，可以搭配成熟的酒体不重的红葡萄酒，对于带甜味或是酱油味重的红烧肉，可搭配较为成熟的红葡萄酒。

③牛肉

牛肉可以搭配白葡萄酒，但通常来说，要配酸度高、酒体厚实、经过橡木桶陈酿的干白为好。基本上所有的红葡萄酒都适合搭配牛肉，可根据烹调方法来选择相应的酒。

④羊肉

羊肉适合搭配红葡萄酒，最好用中等酒体以上的红葡萄酒，或是用成熟的红葡萄酒进行搭配。

⑤鸭肉和鹅肉

这一类肉食可用酸度高的干白和中等酒体以上的干白来搭配，如果是不甜的菜肴，可以采用中等酒体以上的干红来搭配，最好是成熟的干红。

（3）水产品搭配葡萄酒

①虾蟹类

虾蟹的种类繁多，有的肉质软，有的则偏硬。肉质软的可以搭配清爽型或芬芳型的干白，肉质较硬的可以搭配酸度高一些的干白。清蒸和水煮的虾与蟹，最好少用橡木桶陈酿的酒搭配，但也不是完全不行。此外，起泡酒和桃红葡萄酒基本上都可以搭配虾蟹类。

②鱼类

各种起泡酒、干白、桃红葡萄酒均可搭配鱼类，但是最好不要用橡木味过重的干白。

③贝类

生蚝的肉质比较软，其他如蛤蜊、扇贝等的肉质都比较硬，采用酸度高、酒体厚实的白葡萄酒搭配，能更好地帮助消化。

④海参

海参的做法多种多样，海参的肉质肥厚嫩滑，如果用白葡萄酒来配，应采用优质白葡萄酒，如珍藏级的、酸度充足、酒体丰满、经橡木桶陈酿的，或是达到成熟顶峰状态的干白。如果用鲍汁烹调海参，则可采用成熟的红葡萄酒。

⑤鲍鱼

鲍鱼一般用高汤调味，且肉质结实。如果是白葡萄酒，可选酸度充足且酒体丰厚的干白，也可以搭配红葡萄酒。

（4）无味面包、米饭、馒头搭配葡萄酒

在品酒时用得最多的是无味面包，用馒头清口也是不错的选择。对于米饭、

馒头和面条等餐食，选用不复杂的白葡萄酒更能起到陪衬和开胃的作用。

3．不同酒体与菜的搭配

一般人的舌尖对甜味比较敏感，舌尖后面对咸味比较敏感，舌靠腮的两侧对酸味比较敏感，而舌根对苦、辣味比较敏感。人的味蕾有酸、甜、苦、咸的味觉，而辣其实是触觉，因此饮食搭配很有讲究。

◇ 甜味的葡萄酒搭配带甜味的食物。

越甜的食物搭配比食物更甜的酒。酒中的酸会令食物甜而不腻。

◇ 甜味的葡萄酒能降低食物中的苦、咸、酸、辣。

◇ 酸味的葡萄酒能使带甜味的食物更甜。

◇ 苦味的葡萄酒能中和食物的酸味。

◇ 咸味葡萄酒会加强食物的苦味。

◇ 含单宁的葡萄酒会加强食物的辣味。

◇ 含单宁的葡萄酒会令腥味重的鱼和海鲜更腥。

多数的中餐都适合配白葡萄酒、桃红葡萄酒、起泡酒。

白肉配白酒，红肉配红酒在我国并不完全对，因为中餐不同于西餐，中餐讲究的是入味，西餐讲究的是原味，所以不能完全按照原料来定酒，而中餐配酒除了原料，还需要看调味料和烹调方法。

◇ 油腻但不是很甜的菜适合用红葡萄酒来搭配。

因为红葡萄酒中的单宁能去油腻。甜口的红烧排骨，建议用成熟的红葡萄酒。

◇ 清淡的菜用白葡萄酒、气泡酒、玫瑰红来配。

◇ 辣菜最好不用好酒。

便宜的酒和带点甜味的白葡萄酒搭配即可，因为辣会掩盖好葡萄酒中多层次的细腻柔滑的口感。

◇ 甜点和甜品用甜酒来配。

越甜的甜点应该用口味更浓郁的甜酒来搭配，反之亦然。红葡萄酒配甜点则会发涩和发苦。

◇ 苦味的菜用有苦味的红葡萄酒来搭配，反而会有先苦后甘的感觉，比如苦瓜搭配带苦涩味的赤霞珠红酒。

4．葡萄酒配菜的忌讳

颜色发紫、喝起来生涩（酒中有年轻的单宁）的红葡萄酒，首先忌讳搭配带甜味的菜，单宁和甜味一结合就发苦。

新红酒搭配辣菜，结合酒中的单宁会越喝越辣。如川菜或咖喱味的菜，喝葡萄酒会越使人感到越喝越辣。

红酒搭配鲜嫩海鲜。比如清蒸鱼，酒中的单宁会使鲜嫩的肉变得粗糙不堪，非常难吃，单宁也会使八爪鱼和鱿鱼变腥，特别是新涩的红酒。而且，单宁与原味的海鲜和鱼搭配，会有一种金属味。一般来讲欧洲和中国的红葡萄酒，年轻的时候单宁比较生。赤霞珠的单宁重，而且年轻的单宁很涩。

调味料一定会影响葡萄酒的原味，尤其是入味的中餐，吃了菜再喝酒，感觉酒像是变成另一款。不要将葡萄酒和芥末、腐乳和姜醋汁搭配，这些调料会使任何葡萄酒都味寡如水。另外，西红柿的酸会令酒变得粗糙，吃芦笋会令酒变得有金属味。

二、吐鲁番特色葡萄酒

与其他葡萄酒产区相比，吐鲁番葡萄酒的特色显著，具有其独特的魅力。下面，带大家走进吐鲁番，吃最甜的葡萄，品最美的葡萄酒。

1．气候与葡萄酒

相比冷凉气候为种植者们设置的诸多挑战，温和及炎热气候的葡萄种植条件要友好许多。充足的光照与平稳的生长季使葡萄加速成熟，累积的糖分与风味物质增多，酿成的酒常常拥有以深色水果为核心的风味。由于气候变暖的缘故，许多冷凉产区在近年间酿造出了不少偏“温暖风格”的葡萄酒。而温暖炎热产区得益于先进种植技术与酿造技术的应用，在酸甜均衡的道路上越走越顺畅。外加不同年份的气候变化，冷凉与温暖气候的界限已逐渐模糊，但不可否认的是，气候条件仍然为人们追寻不同风格的佳酿提供了参考。追求原始与天然一直都是酿酒的真谛，一想到每滴酒液都是浓缩的自然与风土，就令人不禁心生崇敬。

一般来说，气温较高的地方，葡萄成熟度更好，风味会更浓郁，葡萄果实的果皮更厚，酒液颜色会更深浓，葡萄酒拥有更多的单宁，果香更奔放，糖分更多，酸度低，酒精度也就更高，炎热的气候会给葡萄酒带来更高的酒精度，更丰满的酒体，更柔和的单宁和较低的酸度（表7–1）。气温较低的地方，葡萄则展示出了更为柔和的一面，酿制出来的白葡萄酒往往矿物味更明显，酒精度低、酸度高，口感风味更为精细，更轻盈的酒体，比较尖锐的单宁。这些特质有利于帮助我们迅速判断出这款酒来自温暖气候还是凉爽气候。总的来说，越是炎热的产区，生产的葡萄酒越是强壮、丰厚；越是冷凉产区的酒，相反的葡萄酒越轻盈，酸度突出。另外，由于吐鲁番气候炎热且干旱，因此葡萄极少受到病虫害的困扰。

表7–1　不同气候对葡萄和葡萄酒品质的影响

类型	冷凉气候	炎热气候
果实的质量	糖分较弱 / 酸度较强 颜色 / 滋味较淡	更甜美 / 酸度较弱 颜色 / 滋味较深、浓郁
葡萄酒的质量	更轻盈 / 更涩 果香较弱 / 生青味更重 平淡、纤细	更结实 / 涩味较淡 果香更浓 / 生青味淡 强壮、充沛
香气的质量	干白：苹果、梨、柑橘 干红：覆盆子	干白：桃子、芒果、无花果 干红：桑葚、樱桃
代表性葡萄酒	起泡酒、白葡萄酒	干红、桃红、甜酒
代表性产区	法国和意大利北部、德国、奥地利、加拿大、新西兰	加利福尼亚、澳大利亚、智利、阿根廷、南非、法国南部、西班牙

2．总体特点

吐鲁番葡萄酒好喝吗？吐鲁番葡萄酒在市场上有很多品牌，不同品牌的吐鲁番葡萄酒生产理念以及生产的技术也是有一定的差异，所以吐鲁番葡萄酒的口味也会有不同。另外，每一个人的味蕾也是不一样的，因此关于吐鲁番葡萄酒好喝吗这个问题也是有不同的答案的。吐鲁番葡萄酒对于大部分人群来说其口味还是比较好的，因为吐鲁番葡萄酒拥有高品质的原材料“吐鲁番葡萄”。

白葡萄酒：呈近似无色，微黄带绿，浅禾秆黄、禾秆黄、金黄色、琥珀色。清澈透明，富有光泽，香气浓郁，果香浓郁，味道醇和协调，柔细爽口，回味悠长，口感饱满醇厚、清爽协调，尤其是其独特的嗅觉属性，能够让人们充分感受到这种酒类的魅力。

红葡萄酒：呈深紫色，深红，深宝石红。香气浓郁纯正，香气扑鼻，口感醇厚柔顺，有较强的结构感，平衡协调。

对吐鲁番各类葡萄酒的风土表达，我们具体总结如下：

我们的干红——圆润厚重

我们的干白——清新爽口

我们的桃红——优美诱人

我们的甜白——馥郁优雅

我们的甜红——甜美醇厚

我们的起泡——干爽动人

我们的蒸馏酒——醇香清冽

我们的白兰地——悠香绵长

我们的特色果酒——美味迷人

3. 吐鲁番典型葡萄酒

典型葡萄酒通常指代某一特定风格和种类的葡萄酒。比如来自波尔多以赤霞珠为酿酒品种的红葡萄酒，这些带有鲜明地区特色的葡萄酒每年都会不断产出。

①按照不同品种类型（表7–2）

表7–2　不同品种葡萄的风味特性

品种	风味	特性	类型
无核白	苹果、哈密瓜、杏、甜瓜、菠萝、芒果、香瓜、香草柠檬、干果等	晶莹剔透，富有光泽，芬芳自然，香气完整，果香悦人，口感清爽，自然协调，柔细爽口，回味悠长	干型 甜型 蒸馏酒 白兰地

续表

品种	风味	特性	类型
赤霞珠	樱桃、桑葚、香草、胡椒、李子、蓝莓、薄荷、木材、蘑菇等	果香浓郁，酒香芬芳，紫红光泽，酒体丰满，口感饱满，单宁平顺	干型 半干型
霞多丽	菠萝、芒果、香蕉、无花果、香瓜、香草、桃子、甜瓜、柠檬、干果、果脯等	丰腴热情，酒体颜色较深，带有丰富的热带水果香，口感圆润饱满，层次丰富	干型 半干型
雷司令	柑橘、柠檬、青柠、白桃、杏、芒果、菠萝、蜂蜜等	带有淡雅的花香和植物香，常伴有蜂蜜、哈密瓜、菠萝和矿物质等香味。酸度适中，口感丰富、细腻、均衡，回味悠长	干型 半干型
西拉	桑葚、李子、巧克力、咖啡、香料、紫罗兰、甘草等	颜色通常深沉，单宁结实，有较好的陈年潜力，口感甜美，酒体厚重丰满，单宁充沛柔顺	干型
美乐	草莓、樱桃、巧克力、蛋糕、蓝莓、黑醋栗、咖啡、甘草等	果味丰富，单宁强劲，酒体饱满厚重	干型 半干型
黑比诺	樱桃、夏季水果、奶油、香草、杏仁、皮毛、松露等	早熟品种，果粒小，着生极紧密，颜色适中，低单宁，口感细腻	干型
长相思	刺槐、柑橘、梨、哈密瓜、水蜜桃、葡萄柚、百香果、草本植物等	有明显的青草味，更饱满更柔顺，酸度活泼细腻，结构复杂，层次多变。口感厚实，圆润饱满	干型 半干型
沙布拉维	葡萄干、桑葚、红枣、香料、巧克力等	晚熟，高糖高酸，出汁率高，颜色深红，酿酒陈年潜力强	半干型 甜型
北醇	玫瑰、草莓、花香、成熟浆果等	抗逆性特别强，越冬无需埋藤，丰产，含糖量高的同时具有酸度。所酿造的葡萄酒呈宝石红色，香气宜人，同时具有山葡萄的风味	干型
白羽	白桃、苹果、矿物质、蜂蜜、果酱等	酸度爽口，矿物感平衡，以深厚的辛辣收尾	干型 半干型
贵人香	青柠、杏、蜂蜜、果酱等	酒体颜色金黄透亮，花香馥郁，有新鲜的柑橘、葡萄、哈密瓜等水果香气，入口酸度适中、干净，酒体柔和轻盈，口感新鲜、清爽，余味悠长	干型 半干型 半甜型
柔丁香	麝香、杏、桃、椴花、槐花、荔枝、天竺葵和蜂蜜等	吐鲁番当地极为独特的品种，出处说法不一，最可靠的一种说法是亚历山大麝香葡萄与野葡萄杂交后的变种。果粒呈黄绿色椭圆形，果串较疏散，叶子背面有绒毛，果肉紧实多汁，糖分含量高，具有独特浓郁的香气	甜型 半甜型
白诗南	花香、矿石和蜂蜡等	果味丰富，酒体丰满，易于入口，口味独特，口感丰富均衡	干型 半干型

②按不同葡萄酒类型（表7–3）

吐鲁番葡萄酒产区的葡萄酒有干红、干白、甜白、甜红、蒸馏酒、白兰地等六大种类。

表7–3 不同葡萄酒的典型特征

类型	品种	典型特征
干红	赤霞珠	色泽呈浓郁深红色；香气深邃，含黑加仑、紫罗兰、香草味等；单宁顺滑，酒体饱满，余味悠长，具有良好的陈年潜力
	美乐	色泽呈浓郁深红色，香气含有玫瑰、紫罗兰、桑葚、肉桂香
	蛇龙珠	色泽呈紫红色，香气纯正协调，有黑莓、黑加仑烤面包香气，香气纯正，入口甜润且平衡柔滑，层次丰富，余味悠长
	沙布拉维	即晚红蜜葡萄酒，散发着黑色浆果、甘草和辛香料的香气，酒体中等至饱满，单宁柔顺，口感多汁醇厚，带有蓝莓、樱桃、桑葚和李子等黑色浆果的风味
	黑比诺	酒色泽淡雅，果香丰富，蔓越莓、樱桃和泥土的香气互相交织，酒体适中，单宁柔顺，口感中带有焦糖和红色浆果的风味
干白	白诗南	呈透亮的浅柠檬黄色，含有水蜜桃、蜜蜂、矿物质香
	贵人香	透亮的浅柠檬黄色，含柠檬、蜂蜜、柑橘香气，香气怡人，入口舒顺清爽，余味悠长
	白羽	其中白羽占65%，雷司令占35%。酒呈浅金黄色，散发着橙花、金银花、白桃、梨和蜂蜜等香气，口感饱满，酸，脆爽，风味复杂，带有矿物质风味，余味中带有橘皮、生姜和黄桃的味道
甜白	柔丁香	楼兰香逸甜白，色泽金黄透亮，浓香扑鼻，具有浓烈的茉莉花、蜂蜜、杏桃和皮革香味，入口异香馥郁，酸度与酒度完美结合，圆润丰满，后味悠长
	意大利雷司令	半甜型白葡萄酒，含菠萝和荔枝等热带水果的果香以及优雅的玫瑰花香。入口芬芳怡人，协调爽口，余味悠长
	无核白	甜型白葡萄酒，呈金黄色，散发着阵阵花香以及荔枝、桃子和蜂蜜等香气，并带有丁香、佛手柑和玫瑰花瓣等诱人的风味，酸甜平衡，酒体饱满，口感甜蜜厚重，余味持久
甜红	北醇	呈深紫红色，散发着野生浆果、花香和焦糖的香气，入口酒体饱满，具有黑色水果风味，余味悠长
蒸馏酒	无核白	具有浓郁的葡萄香气，蒸馏焦香伴随着淡淡的香草气息，入口甘甜，酒体醇厚，香醇甘冽，浓烈而不失圆润，回甘芬芳，具有优雅充盈的悠长回味
白兰地	无核白	以吐鲁番无核葡萄为原料，酒体晶莹剔透呈琥珀色，果香浓郁和谐，口感醇厚，余味悠长

③吐鲁番地域特色葡萄酒——风干葡萄酒

风干葡萄酒，也被称为“稻草酒”“麦秆酒”“葡萄干酒”，由新鲜葡萄采摘后放在荫房的木架或者稻草垫上进行100天左右的风干，水分大量蒸发后榨汁、发酵，这就是“风干”工艺。或者为达到风干的效果采取葡萄迟摘的方式。葡萄果实中，水分占其成分的80%以上，风干的目的是让葡萄的果实脱水。

风干的过程需要2~4个月，新鲜的葡萄果实经风干而成葡萄干，重量减少30%~40%。由于水分大量减少，经压榨后的葡萄汁更加浓稠，葡萄汁中的糖分非常高。这种葡萄汁经发酵，酿造的葡萄酒酒精度更高，糖分含量也高，风味浓郁。

普通干红的含糖量通常在4g/L以下，风干葡萄酒经过浓缩，糖分含量相对较高，通常高于4g/L。如果含糖量在9g/L以下，且总糖与总酸（以酒石酸计）的差值小于等于2g/L时，便是干红葡萄酒。含糖量若高于9g/L，则被称为半干、半甜，甚至甜红葡萄酒。

相对于普通葡萄酒而言，风干葡萄酒有什么特点呢?

◇ 颜色：风干过程中，30%~40%的水分会蒸发，大幅提高了皮和汁的比例，酿造的葡萄酒颜色更深，口感更为厚重，余味更长。

◇ 甜美：风干的葡萄酒一般闻上去会有焦糖、葡萄干、甘草等香气，果味极其充沛、甜美，余味回甘。

◇ 饱满：风干工艺蒸发水分，集中了糖分，酿造的干红葡萄酒度数多在14.5%以上，甚至达到16%的超高酒精度。香气和口感集中度大大加强，成品变得更加肥美，浓厚，给人饱满的感觉。

世界上其他比较有代表性的风干葡萄酒

风干葡萄酒不是什么新兴事物，据古希腊赫西奥德（Hesiodos，公元前8世纪，距今3000年）所著的《田功农时》记载，早期的地中海沿岸，就有将葡萄直接放在太阳下晾晒脱水后再进行酿造的工艺。

1. 风干工艺

随着技术的发展，目前主流的风干工艺主要有3种：Passerillage（藤上风干）、

Appassimento（枯藤法）以及Sun-dried（日晒法）。风干过程中，需要保持果串松散，每天检查果串健康状况，及时去除腐烂果粒。有的酒庄会安装温控装置、除湿机等设备辅助风干。

藤上风干（Passerillage）。Passerillage是法语词汇，意为藤上风干。健康的葡萄成熟后不进行采摘，在枝头经过非贵腐方式的自然风干。有时也会通过扭动果梗来阻断水分流通，进而达到辅助风干的目的。

枯藤法（Appassimento）。Appassimento，中文译名枯藤法，是指在采收后把成熟健康的葡萄放入风干房，采用Ploto（将葡萄放置在定制好的木箱中进行风干）、Arele（将葡萄放在竹席上风干）、Uva Appesa（将葡萄编成一长串垂直悬挂于房梁风干）等方式风干，风干时间在90～120天。不同于藤上风干，经过Appassimento工艺的葡萄酸度会在风干过程中得以保留，并随着糖分、风味物质等一并浓缩。

日晒法（Sun-dried）。看起来最为简单的日晒法，实际是非常精细的工艺，白天将采下的葡萄在太阳下暴晒，夜间需要用稻草覆盖在这些葡萄上阻隔露水。夜间的露水对风干葡萄而言，会产生很大危害，毕竟潮湿的环境是霉菌滋生的温床。风干时间视风干程度与酿酒师的意见而定，但通常都持续在十几天。日晒法也是3种风干法中速度最快的一种。

2. 多姿多彩的风干酒

雷乔托（Recioto）：意大利红葡萄用枯藤法在风干房里脱水数月，浓缩糖分后再酿成这种甜蜜之酒。

阿玛罗尼（Amarone）：用枯藤法酿造的、极为浓缩、高酒精度的干红（超过16%是常事），也是意大利最好且最具代表性的酒。

圣桑托（Vinsanto）：希腊头牌甜酒，主要产于圣托尼里。采用日晒法酿造，和酿造意大利圣酒的葡萄在室内慢慢脱水数月不同，这里的葡萄直接被置于阳光下晾晒12～14天，脱水后进行破碎压榨，糖分、酸度风味物质都极为浓缩。

PX雪莉酒（Pedro Ximénez）：出产于西班牙，是世界上最知名的风干甜酒之一，由同名葡萄品种采用日晒法酿造。含糖量极高的葡萄，采摘后继续在太阳下晾晒直到含糖量达到450～500g/L。采摘后，先加入烈性白兰地略微稀释糖度，让酵母开始工作，然后再加烈性白兰地至17%左右杀死酵母停止发酵。

稻草酒（Strohwein/Schilfwein）：这类风干酒在奥地利已十分少见，采用藤上风干或枯藤法（至少风干3个月）酿造，但风干期间不得使用任何加热器、风扇或除湿器辅助。

卡曼达雷亚（Commandaria）：塞浦路斯出产的卡曼达雷亚曾红极一时，被称其为“王者之酒，酒之王者”。卡曼达雷亚使用当地的西尼特丽（Xynisteri，白品种）和墨伏罗（Mavro，红品种）采用日晒法酿造，但目前这类酒十分少见。

晚收葡萄酒（Last Harvest）：“晚收”是最常见的酒标术语之一。藤上风干，当你把注意力集中在晚收累积糖分时，别忘了晚收经常伴随着风干。譬如德国的Spätlese、Auslese，阿尔萨斯的VT，以及你能看到的任何标注晚收的葡萄酒，甚至于冰酒，其本质上都经历过不同程度的藤上风干工艺。

三、吐鲁番特色美食与葡萄酒

为了使人们对吐鲁番的特色美食与当地的葡萄酒、特色果酒有更加深入的了解，我们进行了吐鲁番特色美食与美酒的搭配试验。选取了吐鲁番楼兰酒庄股份有限公司、火山红酒庄、新疆車师酒庄、吐鲁番西美酒业有限公司、吐鲁番亿茂酒庄、吐鲁番天露酒庄、德源酒庄、赤亭酒庄、吐鲁番农业科学研究所等单位选送的干红、干白、半干白、半甜白、半甜红、甜红、甜白葡萄酒、桃红葡萄酒、利口葡萄酒、葡萄蒸馏酒、白兰地、桑葚酒、杏子酒、桑葚蒸馏酒等多种类型的葡萄酒和特色果酒，与吐鲁番的特色美食包括馕坑肉、烤肉、烤包子、薄皮包子、抓饭、大盘斗鸡、椒麻鸡、辣子鸡、大盘鱼、清炖羊肉、油塔子等进行搭配，通过品评活动选出与当地美食有较高适配度的特色美酒。

品评活动共进行了两次，成员由20位当地的消费者组成，其中有8名女性，12名男性，年龄范围在20～55岁。品评活动开始之前有一个简单的感官培训，介绍感官评估调查表，并提供感官评估调查表中使用的术语的定义，进而对品评标准及步骤进行详细地说明。

参与者被要求评估食物或葡萄酒搭配的喜好度，适配度（即葡萄酒与食物搭配的和谐程度，作为平衡的间接衡量标准），口感变化（作为感官复杂性的改进间接衡量标准），食用后的情绪价值，这4项都是5分制。结果分析以适配度（1—极差适配；2—较差适配；3——一般适配；4—良好适配；5—极佳适配）为主要评价指标，筛选出每个成员每种特色美食与各种美酒适配度的最高分，计算出“特色美食＆美酒”适配度，即每个组合的个人最高分（大于等于3分即为有效分数）人数占总人数的百分比，百分比越高，适配度越好。

1．抓饭

抓饭是吐鲁番一道最具原始风味的传统美食。关于抓饭（图7-1）还有一段动人的传说，相传在1000多年前，有一位叫阿布艾里·依比西纳的医生，他晚年的时候，身体很虚弱，吃了很多药也无济于事，后来他选用了牛羊肉、胡萝卜、洋葱、清油、羊油和大米，加水加盐后小火焖熟，对自己进行食疗。他早晚各吃一小碗，半月后，身体渐渐地恢复了健康，周围的人都非常惊奇，以为他吃了什么灵丹妙药。后来，他把这种“药方”传给了大家，一传十，十传百，便成为当地人普遍吃的抓饭了。这种饭具有色、味、香俱全的特点，很能引起人们的食欲。

推荐搭配：半干白、杏子果酒

图7-1 抓饭

抓饭的花样很多，人们除了用羊肉做抓饭外，还用牛、马、鸡等肉来做抓饭。除此而外，还用葡萄干、杏干、桃皮子等干果做抓饭，并称为甜抓饭或素抓饭。无论哪种抓饭都要放胡萝卜、洋葱。葡萄干抓饭，这道源自新疆的美食，凭借其香甜可口的滋味与营养丰富的特点，赢得了无数食客的喜爱与追捧。

2. 烤羊肉串

正宗的烤羊肉串（图7–2）和烤全羊一样色泽焦黄油亮，味道微辣中带着鲜香，不腻不膻，肉嫩可口。用料的讲究不似烤全羊那样严格，二者的区别在于烤制规模的大小和具体方法上。烤羊肉串带有炭烧味，通常会在羊肉上撒上孜然、辣椒等香辛料。

推荐搭配：杏子果酒、半干白、干红

图7–2 烤羊肉串

3. 清炖羊肉

清炖羊肉（图7–3）是新疆本地最具原始风味的传统饮食之一，将新鲜羊肉剁成大块，下锅炖，水沸后去浮沫，一般只放盐和洋葱，不放其他调味料。为了增加口味，有时也放一些胡萝卜、恰玛古、西红柿以及芫荽等。清炖羊肉的味道鲜美，口感鲜嫩，营养丰富。

推荐搭配：葡萄蒸馏酒

图7–3 清炖羊肉

4. 大盘斗鸡

大盘斗鸡（图7–4）是吐鲁番独有的一道特色美味菜肴，以其独特的制作方法和口感而备受赞誉。吐鲁番斗鸡适合红烧，其肉质筋道，脂肪少，食之不腻，色香味俱全，配上土豆、皮带面，绝对是“最纯粹的斗鸡，最高级的享受”。大盘斗鸡的名称源于其用大盘盛放的习惯，通常是用大盘子装盛整只鸡，使得鸡肉的份量显得更加诱人。总的来说，大盘斗鸡是一道美味可口、营养丰富的佳肴，它代表着吐鲁番的饮食文化，也寄托了当地人民对美食的热爱和追求。

推荐搭配：干红、甜白、半甜红

图7-4　大盘斗鸡

5. 大盘鱼

新疆大盘鱼（图7–5）一般选用鲤鱼、草鱼、鲢鱼为食材，将鱼处理干净后剁成块用调味料腌制入味，炸至金黄，用葱、姜、蒜炒香，再配入汤汁用小火慢炖收汁出锅，是新疆三大盘美食之一。

推荐搭配：甜白、杏子果酒

图7-5　大盘鱼

6. 烤包子

烤包子（图7–6）也是吐鲁番美食之一，它以制作精细、口味独特而备受欢迎。烤包子由特制的馅料和面皮制作而成，烤好的包子外表呈现金黄色，非常诱人，一口咬下去，表皮酥脆，肉馅鲜嫩多汁，香浓的羊肉味与洋葱的清香相得益彰。无论是作为早餐

推荐搭配：甜白、干红

图7-6　烤包子

还是夜宵，都能给人带来愉悦的味蕾享受。

7．薄皮包子

薄皮包子（图7–7）以皮儿薄而精、馅儿足而鲜，是新疆吐鲁番的特色美食之一。选用上好的料羊肉（料羊：加料喂养的肥羊）做馅制成，还可以以南瓜为馅，是维吾尔族人民喜爱的美味食品。这种包子馅汁多，咬一口丝丝顺口。因为薄皮包子馅料简单而美味，所以成为了游客们到吐鲁番必吃的美食之一。

推荐搭配：桑葚果酒

图7–7 薄皮包子

8．油塔子

油塔子（图7–8）也是吐鲁番的特色美食，由面粉、炼制的羊油、清油、花椒粉、精盐和纯碱等原料制成，制作过程简单，将面团揉成塔状，再经过蒸煮而成。油塔子色白油亮，层次丰富，香软可口，老少皆宜。

推荐搭配：甜白、干白

图7–8 油塔子

9．辣子鸡

辣子鸡（图7–9）是一道具有浓郁地方特色的新疆菜代表作，将新鲜鸡肉剁成小块，起锅烧油，将鸡块用慢火煸干，配上这道菜

推荐搭配：杏子果酒、干红

图7–9 辣子鸡

的灵魂安集海辣皮子，最后猛火翻炒再加入大蒜片，辣味、浓烈的蒜香与鸡肉完美融合，香气四溢。鸡肉外酥里嫩，不干不柴，入味焦香的辣皮子比鸡肉还好吃，是不容错过的美味之选。

推荐搭配：葡萄蒸馏酒、甜白

图7-10　椒麻鸡

10. 椒麻鸡

新疆美食除了大盘鸡、辣子鸡，还有独具特色的椒麻鸡（图7-10）。椒麻鸡原是川菜代表菜之一，新疆椒麻鸡因地制宜，南菜北做，将其采用煮、泡、吹、撕等工艺精工制作，取鸡脯、鸡背、鸡腿3个部位的肉，加自制椒麻汁拌匀，吃起来无骨无渣，清香味十足，口感非常好。

推荐搭配：甜白、葡萄蒸馏酒、白兰地

图7-11　馕坑肉

11. 馕坑肉

馕坑肉也是吐鲁番特色美食之一（图7-11），肉上裹蛋清、佐料，烤后颜色金亮，油亮生辉，香气扑鼻，鲜嫩可口。

12. 烤全羊

烤全羊（图7-12）是深受消费者喜爱的传统名肴，是新疆可与北京烤鸭、广州脆皮乳猪相媲美的一大名馔。为制作烤全羊选肉时特别强调选择生长在南疆较干旱地区的绵羯羊，而且最好是在两岁以内的肥羊，烤出来全羊的色泽鲜亮，肉质鲜嫩无膻味，焦黄酥脆，内部肉绵软鲜嫩，食用时配孜然粉、辣椒粉等，令人垂涎欲滴，难以抵挡，是羊肉菜肴中的极品。

推荐搭配：干红、葡萄蒸馏酒、白兰地

图7-12 烤全羊

13. 手抓羊肉

相传手抓羊肉（图7-13）有近千年的历史，以手抓食用而得名。此菜做法简单，先将带骨的羊肉剁成块，放入清水中煮熟，捞出后上面撒上洋葱末、盐、再

推荐搭配：干红、葡萄蒸馏酒、白兰地

图7-13 手抓羊肉

浇点滚汤即成。这道菜味道清纯软嫩，油香不腻，既可吃肉，又可喝汤，是本地人招待来客的美食。特别是用小羊肉制作的，谓之“羊羔肉”，其美味则更具上乘。本菜有3种吃法，即热吃（切片后上笼蒸热蘸三合油）、冷吃（切片后直接蘸精盐）、煎吃（用平底锅煎热，边煎边吃）。特点是肉味鲜美，不腻不膻、色香俱全。

14．盆盆肉

推荐搭配：干白

图7-14 盆盆肉

吐鲁番盆盆肉（图7-14）是一道极具当地特色的美食，将鲜嫩的羊肉、鸡肉、鸭肉等各种肉类，用独特的香料腌制后，放入盆中蒸煮而成。成品肉质鲜嫩，汤汁浓郁，令人回味无穷。在吐鲁番，几乎每个家庭都会制作盆盆肉，它不仅是一道美食，更是一个地方文化的象征，承载着当地的历史和文化传承，也凝聚着家人的亲情和温暖。

15．胡辣羊蹄

推荐搭配：干红、葡萄蒸馏酒

图7-15 胡辣羊蹄

胡辣羊蹄（图7-15）对于吐鲁番人来说，是美食记忆中不可或缺的一味。将脚趾缝都收拾干净的羊蹄放在秘制卤料中炖至脱骨，吃起来有浓浓的香料味，后口是辣味，没有丝毫膻味，外皮软糯Q弹，含有丰富的胶原蛋白，老少皆宜。

16．缸子肉

缸子肉（图7–16）是新疆地道小吃，将新鲜大块的羊肉放入缸子里，加上胡萝卜、洋葱，只加少许盐，先喝汤再吃肉，还可以泡馕，十分过瘾。

推荐搭配：干白

图7–16　缸子肉

17．架子肉

架子肉（图7–17）多选择当年羯羊或周岁以内的羊。把羊羔宰杀后，去其皮和内脏，将肉分为若干块，洗净后用面粉鸡蛋包裹起来，并加洋葱、胡椒等调味料，然后放入密封的馕坑中烘烤。架子肉鲜嫩可口，是待客的上品。

推荐搭配：干红、白兰地

图7–17　架子肉

18．烧烤

在吐鲁番温暖如夏的时节，夜市里的主打菜就是烧烤（图7–18），烧烤的种类很多，有烤蔬菜串、海鲜串、烤鸡爪、烤鸡翅、烤鱼等，夜幕下约上三五好友，吃着滋滋冒油的烧烤，吹着微风，品着红酒，乐在其中，享在当下。

19．帕尔木丁

帕尔木丁（图7–19）色泽金黄悦目、皮酥肉嫩多汁，吃时包子皮犹如溶化在

推荐搭配：干红、白兰地、葡萄蒸馏酒

图7-18　烧烤

推荐搭配：干红

图7-19　帕尔木丁

嫩肉油香中一般。可单独食用，也可与抓饭一起食用，被称为抓饭包子，是新疆的特色饭食。

20. 托克逊拌面

在当地有一种说法："再好的厨师，不会做拌面算不上好厨师。"新疆人特别喜欢面食，尤其是拌面，很多地方都把拌面作为主食。其中最有名的当属托克逊拌面！

推荐搭配：干白

图7-20 托克逊拌面

托克逊拌面（图7-20）这一新疆吐鲁番的招牌美食，以其独特的口感和独到的工艺，让人们为之倾倒、回味无穷。在托克逊拌面的制作中，选用的是新鲜的面粉和纯净的水，通过精心地揉制和烘焙，最终打造出这款口感极佳的面食。其中，揉面和烘焙环节是托克逊拌面的精髓之处，需要经过反复的实践和摸索才能掌握。在制作过程中，每一个小小的细节都凝聚了新疆人民的智慧，让这款美食独具一格。托克逊拌面是一道非常受欢迎的新疆拌面，它由过油肉拌面、木赛来斯拌面、帕尔木丁拌面等多个菜品组成，其中过油肉拌面以新疆本地特产的牛肉为主料，木赛来斯拌面以木薯粉条为主料，帕尔木丁拌面则以小麦粉条为主料。这些拌面口感鲜美，香气四溢，突出了新疆的特色美食。

21. 新疆凉面

新疆凉面（图7-21）是新疆的特色美食之一。凉面煮熟后捞出，浇上特制的卤汁，配以西葫芦、鸡蛋、菠菜等食材，浇上油泼辣子面、蒜泥、芝麻酱等调料，非常美味。凉面浇上卤汁后，口感更加柔和，味道更加浓郁。无论是作为主食还是小吃都很受欢迎。

推荐搭配：干白、甜白

图7-21 新疆凉面

22．曲曲

推荐搭配：半干白

图7-22 曲曲

曲曲（图7-22）是新疆的传统风味小吃，它与馄饨相仿，但制法和用料有独特的特点。曲曲以肥羊肉为馅，辅以葱末、盐等调味料，用面皮逐个包馅，先制成饺子状，再把两头从底部弯曲捏合。煮熟后，放入香菜即可，皮薄馅嫩，香味扑鼻，非常美味。

23．葡萄馕

推荐搭配：干白

图7-23 葡萄馕

吐鲁番的葡萄馕（图7-23）可以说是馕界的“阳春白雪”，与那些常见的馕相比，吐鲁番的葡萄馕有着独特的味道和风貌。当你在吃葡萄馕的时候，如果用力咀嚼，馕的表面会因为筋度的拉伸而发出“咯吱咯吱”的声音，仿佛“唱歌”一样。虽然这种声音听起来有些奇特，但它却是葡萄馕韧劲十足、品质上乘的证明。吐鲁番的葡萄馕是一种非常独特的美食，它不仅具有诱人的外表和美味的口感，还有着与众不同的“唱歌”特性。如果你有机会去吐鲁番旅游，一定不要错过这道美食！

24．大盘鸡

新疆大盘鸡（图7-24）是新疆名菜。大盘鸡选料讲究，制作过程烦琐，主要用料为鸡块和土豆块，配皮带面烹饪而成。鸡肉细嫩麻辣，土豆软糯甜香，爽滑麻辣的鸡肉和软糯甜润的土豆搭配，辣中有香、粗中带细，是餐桌上的佳品。大盘鸡的独特调味使其成为新疆菜系中的一道瑰宝，它不仅在本地广受欢迎，也逐渐流传到其他地区。大盘鸡是新疆美食文化的重要组成部分，也是当地人们生活中不可或缺的一部分。

推荐搭配：干白、葡萄蒸馏酒

图7-24　大盘鸡

25. 海鲜类（图7-25～图7-28）

可以搭配橡木气味的白葡萄酒。

图7-25　清蒸大闸蟹

烹调方式以保持食材本色为主，可选择无橡木气味的白葡萄酒。

图7-26 清蒸鱼

通常以清淡型并带有较丰富酸度的白葡萄酒搭配。

图7-27 白水煮虾

贝壳类海鲜带有较重的气味，因此带有橡木气味的白葡萄酒为搭配首选。

图7-28 炒贝类

第八章

吐鲁番产区葡萄酒产业融合发展

一、葡萄酒博物馆

吐鲁番市作为全国唯一一个具备葡萄全产业链地理标识产品的城市，同时拥有“吐鲁番葡萄”“吐鲁番葡萄干”“吐鲁番葡萄酒”3个国家地理标志。目前，吐鲁番市已建成火山红、楼兰、驼铃、新葡王4家葡萄酒博物馆。

1．新疆葡萄酒文化长廊

新疆葡萄酒文化长廊位于吐鲁番市火山红酒庄，该酒庄地处旅游名城吐鲁番市高昌区，是由吐鲁番市火山红酒庄有限公司投资建设。酒庄位于吐鲁番市高昌区港城园区火州中路88号，距吐鲁番市机场4.1km，距吐鲁番北站2.3km，交通便利。

酒庄设计产能为3000t，主要产品包括红葡萄酒、白葡萄酒、桃红葡萄酒、起泡葡萄酒、白兰地等系列产品。酒庄功能完备、设施齐全、具有较强的旅游接待能力，酒庄环境幽雅、风景别致、酒文化气息浓厚。

酒庄大门是仿照著名的巴黎凯旋门，并辅以吐鲁番特色的红砖建筑文化设计建成，是东西方建筑文化交流丰富性和创造力的充分体现。地下有储酒长廊，长3km，宽5m，高4.5m，沿酒廊一侧共设19个品酒区，每个品酒区风格各异，充分体现了各具特色的葡萄酒文化。长廊两侧展示了新疆葡萄酒文化，主要分为酒之语、酒之史、酒之匠、酒之识、酒之味、酒之器、酒之美、酒之富、酒之誉、酒之和10个部分。

2．西域葡萄酒历史文化博物馆

西域葡萄酒历史文化博物馆（图8-1）位于吐鲁番楼兰酒庄，其前身是始建于1976年的新疆第一家红葡萄酒厂。2023年楼兰酒庄景区成功升级为国家4A级旅游景区，楼兰葡萄酒博物馆于2023年5月18日荣获自治区特色博物馆。

3000年前，东西方文明通过丝绸之路在此交汇，3000年后，楼兰葡萄美酒，成为丝绸之路上的酒庄传奇。楼兰酒庄拥有着独特的旅游资源和深厚的文化底蕴，酒庄内古朴的壁画，充分展示着葡萄酒背后千年的历史文化。

吐鲁番是中国葡萄酒文化诞生、发展的重要地区，拥有丰富的文物遗存，深厚的文化积淀，楼兰葡萄酒博物馆葡萄酒展示区，多角度展示了璀璨的历史文明和葡萄酒文化。场馆内部建有古法酿酒区、茶吧（图8-2）、雪茄吧、品酒室、放映厅，充满着独具魅力的文化气息和韵味。

图8-1　葡萄酒历史文化墙

图8-2　葡萄酒历史文化博物馆茶吧

楼兰酒庄从1976年创立至今，经历过辉煌也经历过艰难的转型时期；2007年由浙江商源集团收购重组，2011年升级改造成为楼兰酒庄，2011～2015年楼兰酒庄4年的销售业绩增长了10倍，楼兰成为国产葡萄酒的一匹黑马，创造了行业传奇。

楼兰酒窖由原始酒窖、地下酒窖、橡木桶酒窖（图8–3）、白兰地车间构成。原始酒窖，即水泥窖池，建于20世纪70年代末、80年代初。楼兰的壁画酒窖有两幅飞天的壁画，一幅是敦煌飞天，另一幅是飞天库木吐拉千佛洞16号窟的壁画。

图8–3　楼兰橡木桶酒窖

地下酒窖正面是太子娱乐图，洞窟来源于克孜尔千佛洞118窖，酒窖遵循吐鲁番王家寺院——柏孜克里克石窟的建筑风格，凹凸有致的土坯墙体采用生土建造，设计灵感来源于吐鲁番的坎儿井，整个酒窖浓缩了吐鲁番特有的文化历史。

橡木桶酒窖中有引进于法国、美国的橡木桶，存储、陈酿着古堡系列葡萄酒。

在白兰地车间可以看到闻名世界的夏朗德壶式蒸馏器（由蒸馏器、预热器、冷凝器构成），用它能够生产出不高于72%的烈酒，再经橡木桶陈酿而成。白兰地常被人称为“葡萄酒的灵魂”。火、酒精、蒸汽、水、铜锅的完美组合，构成一首醉人的美酒畅想曲。

楼兰艺术品鉴中心以吐鲁番建筑风格为主，墙面绘有西域壁画，壁画是楼兰酒庄的一大特色，有些产品的瓶标及包装上也有引用。

3．驼铃酒文化博物馆

驼铃酒文化博物馆位于吐鲁番市驼铃酒业有限公司大院内，虽是一座新落成的特色建筑，但通体的土黄色和拱形窗户设计仿佛穿越了历史。驼铃酒业投资新建的驼铃酒庄酒文化博物馆，旨在向世人展示吐鲁番2000多年的葡萄酒酿造历史，传播中国葡萄酒文化。

驼铃酒文化博物馆主题浮雕墙（图8-4），融合高昌故城、坎儿井、茫茫沙漠、驼队和酒桶等元素，充分展示了古丝绸之路欣欣向荣的景象。按左上方高昌故城，左下方坎儿井地下水利工程，右下方一片茫茫沙漠和一排驼队的丝绸古道的形象布局。

图8-4 驼铃酒文化博物馆主题浮雕墙

吐鲁番葡萄种植月令图（图8-6）展示了葡萄一年的生长周期，从每年的3、4月葡萄抽芽初发，5月开花，6月挂果，7、8月果实成熟，9、10月采摘酿酒，完成一年的工作。

猿猴饮酒图、张骞的塑像、复原的胡姬酒肆、吐鲁番产地沙盘（图8-7）、地下酒窖（图8-8），以不同形式展现了吐鲁番葡萄酒的丰富内涵，悄悄诉说着葡萄酒在古代已经成为一种生活风尚。

图8-5 驼铃酒文化博物馆壁画（图片由酒庄提供）

图8-6 驼铃酒文化博物馆葡萄种植月令图（图片由酒庄提供）

图8-7　驼铃酒文化博物馆吐鲁番产地沙盘

图8-8　驼铃酒文化博物馆地下酒窖

4. 新葡王酒庄博物馆

新葡王酒庄博物馆位于吐鲁番市新葡王酒庄（图8-9），由白兰地车间、葡萄酒酿造及酒库车间、地下酒窖、观景台组成。

白兰地生产车间（图8-10），采用的是夏朗德式壶形蒸馏设备，好的蒸馏设备是酿造白兰地的一个重要环节。

图8-9 新葡王酒庄

图8-10 新葡王酒庄白兰地生产车间

生态酒庄酿造车间是一座集自动化、规模化、信息化、标准化于一体的现代化酿酒车间、灌装车间。

地下酒窖（图8-11），极具汉唐时期文化风格，以新时代有机绿色生态环保为理念建造而成的。墙面是由中央美院老师，用手工雕刻汉武大帝刘彻派张骞出使西域的情景。

图8-11　新葡王生态酒庄地下酒窖壁画

2号酒窖有吐鲁番阿斯塔那古墓出土的庄园主生活图，模仿法国巴黎葡萄酒博物馆建造的醉酒屋，长达38m、能容纳80～100人的品酒室。

站在观景台上，映入眼帘的是一望无际库木塔格沙漠，纵横交错的防护林带，连片的葡萄园，给人一种清新舒爽的感觉！

二、酒庄旅游精品线路

近年来，吐鲁番市深入学习领悟习近平总书记关于文化和旅游工作重要指示精神，坚决贯彻落实自治区党委“十大产业集群”战略部署，紧扣市委“1535”工作思路，认真实施“文旅兴市”战略，深入挖掘吐鲁番葡萄与葡萄酒历史文化，依托吐鲁番葡萄酒庄建设，积极打造酒庄旅游精品线路。

1. 自治区休闲旅游特色精品酒庄和葡萄酒文化旅游精品线路

2021年9月，为加快推动新疆葡萄酒和旅游融合发展，促进葡萄酒庄旅游规范化、品牌化发展，丰富葡萄酒旅游线路产品，新疆维吾尔自治区文化和旅游厅制定并印发了《关于推出自治区休闲旅游特色精品葡萄酒庄和葡萄酒文化旅游线路的通知》，推出了一批新疆维吾尔自治区休闲旅游特色精品酒庄和葡萄酒文化旅游精品线路。

新疆有12家葡萄酒庄入选自治区休闲旅游特色精品葡萄酒庄，其中吐鲁番市有4家酒庄入选，分别是楼兰酒庄、車师酒庄、驼铃酒庄、火山红酒庄。

同时，推出了15条葡萄酒文化旅游精品线路，分别是新疆第一春杏花村葡萄酒庄旅游线、新疆葡萄酒历史文化旅游线、新疆沙漠运动葡萄酒庄旅游线、哈密葡萄酒庄火星旅游线、新疆金沙滩葡萄酒庄休闲度假旅游线、新疆博斯腾湖葡萄酒庄休闲旅游线、丝路古村葡萄酒品鉴旅游线、天山天池葡萄酒温泉度假旅游线、昌吉葡萄酒乡村休闲旅游线、玛纳斯碧玉葡萄酒文化旅游线、百里丹霞葡萄酒庄旅游线、乌苏森林康养葡萄酒温泉养生旅游线、伊犁杏花葡萄酒民俗文化旅游线、刀郎民俗慕塞莱斯葡萄酒旅游线、和田葡萄酒文化旅游线。

其中，吐鲁番葡萄酒文化旅游精品线路有以下3条。

（1）新疆第一春杏花村葡萄酒庄旅游线（乌鲁木齐市—托克逊夏乡南湖村杏花园—托克逊零海拔酒庄—白水古镇—达坂城风力发电站）

线路介绍：

托克逊夏乡南湖村杏花园：春分前后，万亩杏花齐放，景色美不胜收。

托克逊零海拔酒庄：酒庄建筑风格偏欧式，有宽阔的广场、精美的喷泉、栩栩如生的酒神雕塑和被葡萄园所环绕的建筑等。

白水古镇：位于天山脚下，自古就是丝绸之路的必经之地，夏季微风拂面，非常清凉。在镇子里，有民俗陈列馆、茶肆、马厩、民族手工作坊等，游客可以体验民族乐器、土陶文化，享受当地特色小吃等。

达坂城风力发电站：我国最大的风能基地，处于天山和昆仑山之间，风力发电机擎天而立、迎风飞旋，在博格达峰清奇峻秀的映衬下，形成了壮观的风车大世界。

（2）新疆葡萄酒历史文化旅游线（乌鲁木齐—交河故城—坎儿井—葡萄沟景区—吐鲁番博物馆—驼铃酒庄/火山红酒庄—乌鲁木齐）

线路介绍：

交河故城：保存得最完好的生土建筑城市之一，在1961年就被列为国家重点文物保护单位，唐西域最高军政机构安西都护府最早就设在交河故城。经历数千年的风吹雨打，得益于吐鲁番干燥少雨的气候条件，这座古建筑奇迹般保留了下来并且相当完好，建筑布局独具特色。

坎儿井：一种地下水利工程，其原理是将春夏季节渗入地下的大量雨水、冰川及积雪融水通过利用山体的自然坡度，引出地表进行灌溉，以满足当地的生产生活用水需求。坎儿井水利系统是中华文明的体现，得益于坎儿井的使用，吐鲁番地区在很早就出现了较为发达的绿洲灌溉农业文明，坎儿井承载了吐鲁番独特的文化。

葡萄沟景区：火焰山下的一处峡谷，因盛产葡萄而得名，是著名的旅游胜地，以盛产优质、甜美的葡萄而闻名中外。

驼铃酒庄：位于葡萄沟，现有产品主要有驼铃葡萄酒系列、驼铃桑葚酒系列。酒庄周边有大片的杏花林以及多个旅游景点，春天杏花开时，正是来这里品酒旅游的好时节！

（3）新疆沙漠运动葡萄酒庄旅游线（吐鲁番市—鄯善县库木塔格沙漠公园—楼兰酒庄/車师酒庄—吐峪沟千佛洞—吐峪沟村—吐鲁番市）

线路介绍：

鄯善县库木塔格沙漠公园：世界上少有的与城市零距离接触的沙漠，站在鄯善城中就能看到金黄色的沙漠，景色无比壮观，沙山上热浪翻腾，沙山下流水潺潺，绿树成荫。库木塔格沙漠就是指“有沙山的沙漠”，因为环境艰苦且道路险远，库木塔格沙漠被称为“大患鬼魅碛”，现如今已经成为国家重点保护的景点，有不少游客会专门来此进行“沙疗”。

楼兰酒庄：推开楼兰地下酒窖大门时，古西域的人文历史如画卷一样展开，这座酒庄集酿酒与旅游度假为一体，酒庄内不仅有葡萄园、地下酒窖、葡萄酒展厅，还有大型蹦床公园、网球场、健身馆、宾馆、水上乐园、垂钓鱼塘等。

吐峪沟千佛洞：原有洞窟94个，全部开凿在吐峪沟沟口两旁的高山峭壁上，现在大部分洞窟已塌毁，仅有8个洞窟尚残存部分壁画。

吐峪沟村：位于火焰山，是一座融合人文景观、自然景观、佛教文化与西方文化为一体的历史文化古村，已有2600多年历史，村中保存了大量生土建造的传统民居，是新疆生土建筑的典范，被誉为“中国第一土庄”。

2. 吐鲁番市葡萄与葡萄酒文化旅游路线

（1）高昌区葡萄文化之旅［火焰山景区—葡萄沟景区—坎儿井景区（坎儿井乐园/坎儿井民俗园/坎儿井传承区/交河驿坎儿井源）—吐鲁番博物馆—八风谷/夜宿火山红酒庄］

最佳旅游时间为夏季，7～9月。

①线路介绍

葡萄沟景区（图8-12）：5A级景区，葡萄沟景区位于新疆吐鲁番市区东北方向11公里处，是火焰山山谷中最大的一个沟谷，像一条绿色的丝带，飘逸在盆地中央，全长7km、最宽处约2km，沟内栽种了近百种葡萄，是一座天然的葡萄博物馆。葡萄沟景区内有野生葡萄树、葡萄博物馆、葡萄晾房、八百米葡萄长廊、西部酒堡等景点，可以让游客系统地了解葡萄的“前世今生”。

坎儿井（图8-13）景区（交河驿·坎儿井源/坎儿井乐园/坎儿井民俗园/坎儿井传承区）：坎儿井景区作为坎儿井文化和坎儿井精神的缩影。明渠，暗渠，竖井，出水口，微缩景观和博物馆等，高度还原和展现了坎儿井风貌。坎儿井民

图8-12　葡萄沟

俗园景区包括坎儿井、坎儿井博物馆、民俗街、民居宾馆、葡萄园等，它将悠久历史的坎儿井和具有民族特色的庭院式民居宾馆融为一体，是最具民族特色的集参观、观赏、购物、度假于一体的旅游景点。

图8-13　坎儿井

吐鲁番博物馆（图8-14）：国家4A级旅游景区，是中国最早成立的综合性地志博物馆之一，是国家一级博物馆、全国民族团结进步示范单位、全国社会科学普及基地、全国中小学生研学实践教育基地、自治区级爱国主义教育基地以及自治区级科普教育基地，是集文物收藏展示、文化遗产保护与研究、社会科教宣传教育等职能于一体的综合类博物馆，馆藏的“最老”的葡萄藤和庄园生活图见证了吐鲁番葡萄的千年种植历史。

火焰山景区：“火山突兀赤亭口，火山五月火云厚，火云满山凝未开，飞鸟千里不敢来”描述的就是夏日的阳光照射在山势曲折的火焰山上，红光闪烁，云烟缭绕，犹如烈焰飞腾的样子。

夏季火焰山的滚烫和寸草不生与沟谷内的清凉瓜果飘香形成了鲜明的对比，正是这极大的温差使吐鲁番的葡萄如此甜蜜。

图8-14　吐鲁番博物馆

八风谷民宿（图8-15）：位于葡萄沟景区内，全长6.2km，是国家级少数民族特色村寨和自治区级乡村旅游重点村，建筑形式融合了中亚风格、当地民居特色以及现代建筑元素，掩映在葡萄沟翠绿的浓荫之中，与自然环境和建筑环境相辅相成。八风谷民宿一出世就惊艳了时光，荣获当地携程精品民宿口碑榜TOP1、2021中国民宿黑松露奖出行首选、2021雪鹿奖目的地民宿，2021年爱彼迎年度民

图8-15　八风谷

宿榜TOP100。

火山红酒庄（图8-16）：火山红酒庄是集酒店住宿、餐饮、旅游、休闲娱乐、康体养生和酒文化展示及个性化服务于一体的现代化酒庄，地下储酒长廊布设有品酒区，装修风格各异，分别体现了吐鲁番各大酒庄的葡萄酒文化。酒桶形的风情小屋是酒庄最有特色的游客接待区域，设计师按照酒庄豪华标准间的功能配置，将卧室、卫浴、客厅等功能精心布置，巧妙整合。酒桶屋围绕水景休闲区，镶嵌于绿树花丛中，环境优美、风情独特，是广大游客休闲度假的理想场所。

图8-16 火山红酒庄

②特色美食和创意产品推荐

耿德宝玉石、阿菲仁地毯、吐鲁番博物馆文创礼物、辣子鸡、烤全羊、豆豆汤饭、烤包子、大盘鸡、架子肉、火焰山黄面烤肉。

（2）鄯善县葡萄酒文化科普研学游［楼兰酒庄—新葡王酒庄—连木沁镇采摘园—库木塔格沙漠景区—星空酒店］

①线路介绍

楼兰酒庄景区：近年来，楼兰酒庄紧抓葡萄酒产业发展机遇，将楼兰酒庄发展为一家集葡萄种植、葡萄酒生产销售、文化体验、休闲度假、旅游观光、餐饮、住宿、娱乐、会议等为一体的综合性葡萄主题庄园。

新葡王酒庄：以新时代发展理念为引领，探索“绿色、生态、低碳、人文”及创新“1+N”发展理念，尝试将传统的酒庄逐步转变为集种植、酿酒、品饮、观光、休闲、旅游、体验、住宿为一体，带有葡萄酒文化特色的综合性葡萄酒企业。

连木沁镇葡萄采摘园（图8-17）：葡萄采摘园位于鄯善县西部连木沁镇连木沁坎村，全园占地规模38余亩，园内葡萄品种齐全，有无核白、火焰无核、蓝宝石等多种葡萄品种，是一个纯绿色纯天然的采摘园。种植地土壤属沙性土，由富含多种微量元素的地下水灌溉并全部使用发酵后的农家粪肥及植物饼肥，采用农业（人工）、物理和生物方法防治病虫害，因此造就了“果实个体大、颜色鲜艳、风味浓”等优良品质，能够让您感受到鲜果的自然香甜。

图8-17　新葡王生态酒庄连木沁镇葡萄采摘园

鄯善县库木塔格沙漠景区（图8-18、图8-19）：库木塔格沙漠位于新疆维吾尔自治区鄯善县城南部，是国家4A级旅游景区。库木塔格沙漠汇集了世界各大沙漠类型，是世界上唯一一座与城市相连的沙漠，有“城中沙漠”之称，沙漠与绿洲紧密相连，创造了“沙不进、绿不退、人不迁”的奇迹。

图8-18 鄯善县库木塔格沙漠景区

图8-19 鄯善县库木塔格沙漠冲浪

星空酒店（图8-20）：库木塔格景区充分挖掘沙漠的独特优势，在宿营基地推出了夜游沙漠的项目，建成了集观景、住宿为一体的体验式酒店，涵盖沙景房、天景房和沐浴星空房的三大功能，宽敞的落地透明区让游客与沙漠零距离接触，在夜晚透过天窗可以欣赏到大漠星空繁星点点。

图8-20 库木塔格景区星空酒店

在这里吃烧烤、品美食、喝着葡萄美酒观看一场关于古楼兰的实景演出——《夜·楼兰》，随着燃起的熊熊篝火，大家可以一起载歌载舞，尽情狂欢……深夜歇下疲惫，静静地观赏满天繁星，令人无比的惬意遐想！

②特色美食和创意产品推荐

特色美食：烤全羊、烤包子、薄皮包子、手抓肉、烤羊肉串、胡辣羊蹄、羊肉焖饼、九碗三行子、羊肉抓饭、豆豆面、特色营养馕等。

特色产品：葫芦烫画、剪纸、土陶、艾德莱斯、桑皮纸、奇石彩玉、沙漏、维吾尔族花帽、服饰、抱枕等刺绣产品等。斗鸡、桑葚、无花果、肉苁蓉、葡萄、哈密瓜等土特产。

第九章

吐鲁番产区核心酒庄

一、楼兰酒庄（4A级景区）

图9-1 楼兰酒庄

吐鲁番楼兰酒庄股份有限公司（图9-1）位于吐鲁番市鄯善县，其前身是始建于1976年的新疆鄯善县葡萄酒厂，经营范围为“楼兰”葡萄酒系列产品的生产、加工及销售。2007年在市县两级党委和政府的关心和支持下，浙江商源集团收购成立吐鲁番楼兰酒业有限公司，2016年6月更名为吐鲁番楼兰酒庄股份有限公司。

2011年“楼兰葡萄酒”荣获中国驰名商标称号。2016年12月在全国股转系统挂牌，股票代码：870372。2016年在杭州G20峰会上，楼兰小古堡被列为会议选定用酒。2017年8月荣获“国家级放心酒工程示范企业”称号；2017年12月楼兰酒庄被评为国家3A级旅游景区。2018年10月，获“中国酒庄酒”认证；2018年12月被评为农业产业化国家级重点龙头企业。2020年获得自治区科技厅批准组建的新疆酒庄酒工程研究中心正式挂牌运营。2021年楼兰古堡干红葡萄酒荣获FIWA（国际大赛）“大金奖”。2022年公司产品楼兰古堡再次获得法国国际葡萄酒大赛大金奖（图9-2）。2022年被评为“国家级工业旅游示范基

图9-2 楼兰古堡获得2022国际葡萄酒（中国）大奖赛大金奖

地”。2023年6月楼兰酒庄升级为国家4A级旅游景区。2023年中国国际葡萄酒大赛中，楼兰酒庄斩获1枚大金奖，2枚金奖。2024年楼兰拾桂古堡干红获得法国FIWA（France International Wine Awards，法国国际葡萄酒大奖赛）国际大赛“大金奖”。

图9-3 楼兰古堡系列

公司现有职工100人，拥有酿酒葡萄基地约$7.3\times10^6m^2$（其中自有基地约$2.0\times10^6m^2$、外联基地约$5.3\times10^6m^2$）。公司建立了一套完善的生产经营管理制度和管理监督体系，已形成楼兰古堡系列（图9-3）、楼兰深根系列（图9-4）、楼兰酒庄系列、楼兰定制酒等系列产品，建立了相对稳固的销售网络，销售区域遍布全国各大中型城市。

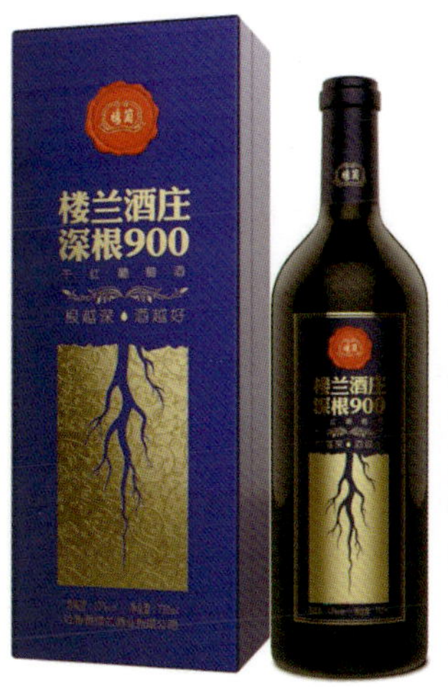

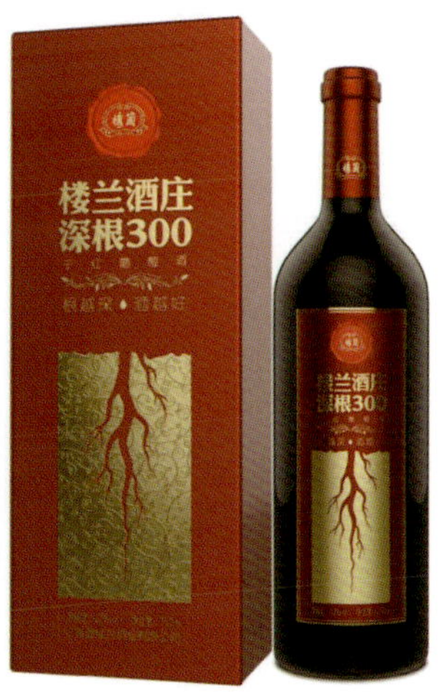

图9-4 楼兰深根系列

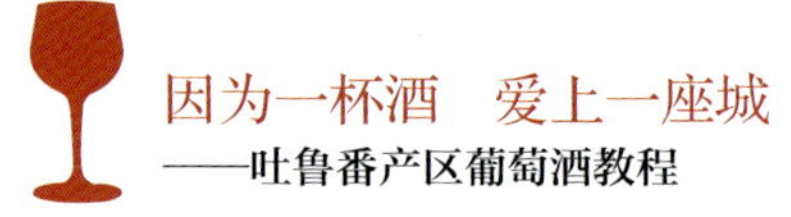

二、新葡王酒庄（3A级景区）

新疆吐鲁番新葡王酒业有限公司成立于2001年，是一家集葡萄栽培种植、葡萄酒生产、销售及酒庄旅游观光为一体的综合性酒企，位于世界闻名的葡萄之乡——古丝绸之路重镇吐鲁番市鄯善县。厂区占地面积68000m^2，目前拥有现代化、规模化、自动化及标准化的葡萄酒生产车间一座，年生产能力可达10000t左右。新葡王酒庄与国家5A级旅游景区——库木塔格沙漠相距3km，是世界上离沙漠最近的酒庄。

2002年获发展非公有制“十佳企业”称号；2003～2005年度获乌鲁木齐市AAA级信用企业称号；2012年、2015年、2018年、2019年、2020年分别被评为自治区农业产业化重点龙头企业；2015年荣获新疆葡萄产业贡献奖。2007年、2008年参展乌洽会，被评为乌洽会金奖产品。2009年，“新葡王”干红葡萄酒获自治区新疆名牌产品称号，同年参展乌洽会，荣获乌洽会最具竞争力商品奖；2012年，参加北京农产品交易会，荣获“产品金奖”；2017年，荣获上海农业博览会金奖；2018年，荣获“第九届亚洲葡萄酒质量大赛银奖”；2020年，荣获第十一届新疆农产品北京交易会“产品金奖”。

酒庄依托吐鲁番地区的旅游资源，带动新葡王酒庄文旅产业发展，提升旅游业功能，促使葡萄酒产业发展，以葡萄酒产业发展丰富吐鲁番市旅游文化内容，打造成集葡萄种植、葡萄酒酿造（图9-5）、旅游文化休闲、文化创意歌舞演义、商业服务五位一体的富有文化性、体验性、观赏性和娱乐性的特色葡萄酒庄旅游。

图9-5　新葡王酒庄葡萄酒特色产品

三、驼铃酒庄（3A级景区）

驼铃酒庄（图9–6）位于中国葡萄之乡——吐鲁番，紧邻吐鲁番5A级景区葡萄沟，占地约$1.0\times10^5m^2$，是一家集葡萄酒文化及葡萄酒品鉴、住宿、餐饮于一体的特色酒庄。

酒庄由酒文化博物馆、地下酒窖、葡萄酒品鉴中心、葡萄酒超市、葡萄酒生产车间、驼铃酒庄主题酒店、拉菲特美食乐园、观光葡萄园、特色果园等丰富的内容组成。酒庄以丝路文化和葡萄文化为背景，汲取丝路文明之精髓，依托吐鲁番葡萄优势资源，用心酿好酒，立志打造中国最具地域特色的酒庄。

酒庄以现代农业为基础，以酒庄产业为依托，以葡萄酒主题旅游为引擎，发展葡萄酒产业、旅游文化产业、旅游商业以及扩展的产业，打造葡萄酒庄旅游胜地，集吃、住、游三位一体，全面满足消费者的旅游需求及美好体验，醇美佳酿、邀您畅享。

图9–6　驼铃酒庄

图9-7　車师酒庄

图9-8　車师酒庄地下酒窖

四、車师酒庄（3A级景区）

新疆車师酒庄有限公司（图9-7）成立于2014年7月，公司位于鄯善县火车站镇明珠南路2031号。酒庄占地约$1.2\times10^5m^2$，主要建成有10000t葡萄原酒和1000t白兰地生产装置，建设葡萄酒展厅$1600m^2$、地下酒窖$6000m^2$（图9-8）、宾馆$3000m^2$、大型蹦床公园、网球场馆及健身场馆$5000m^2$、水上乐园$4000m^2$、冷库

1000m^2、化验及研发室520m^2、垂钓鱼塘4000m^{2}以及品酒间2000m^2，已建成5.3×10^5m^{2}葡萄种植基地。

公司现有葡萄酒生产、销售、葡萄酒文化展示、葡萄的种植、免埋耐寒葡萄品种的挖掘培育、观光旅游、饮食文化、主题文化酒店和体育运动健身、娱乐等项目。公司自组建以来，充分利用吐鲁番地区葡萄资源优势，以传承传统为使命，挖掘吐鲁番两千多年的葡萄文化，用心酿造中国人自己的葡萄酒（图9–9）；坚持以品质决定未来的经营方略，抓住吐鲁番大力发展酒庄产业这一契机，以吐鲁番旅游为优势，建一座具有国际水准的百年酒庄，酿造一支被世界认可的白兰地酒（图9–10）。

图9–9 車师古堡赤霞珠不加硫干红2018

图9–10 車师白兰地

五、蒲昌酒庄

蒲昌酒庄创立于2008年，经过5年的严格检验后获得ECOCERT有机认证。ECOCERT是欧洲具有代表性与权威性的有机认证机构，在全球市场上拥有极高的公信力。该证书标志着蒲昌酒庄在其产业链的整个生产过程中完全符合欧盟对有机农业操作所订下的严格标准。

蒲昌酒庄位于吐鲁番，靠近天山盆地，拥有火焰山边上的葡萄园。位于北纬41°~43°，与法国波尔多、澳大利亚巴罗萨谷、意大利托斯卡纳等世界知名的葡萄酒生产区在同一纬度。目前酒庄拥有葡萄园6.7×10^5m^2，年产量有13~15万瓶酒。蒲昌酒庄坚持利用天然有机的环境、资源和生产成分去酿造低硫的高品质葡萄酒（图9–11~图9–13）。

图9-11　蒲昌酒庄获奖酒

图9-12　蒲昌北醇2015

图9-13　蒲昌赤霞珠2016

六、火山红酒庄（4A级景区）

吐鲁番市火山红酒庄（图9-14）地处旅游名城吐鲁番市高昌区，于2024年12月4日被确定为国家4A级旅游景区，是集酒店住宿、餐饮、葡萄酒展销、旅

图9-14 酒庄夜晚全景

游、休闲娱乐、康体养生、酒文化展示及个性化服务于一体的现代化酒庄。酒庄功能齐备、设施齐全、具有较强的旅游接待能力，酒庄环境幽雅、风景别致、酒文化气息浓厚。

酒庄占地面积约$2.8\times10^5m^2$，总建筑面积近$6\times10^4m^2$。酒庄内主要有地下储酒长廊、酒桶型风情小屋、哥特式酒文化中心（图9–15）、哥特式小酒庄、葡萄酒酿造车间、养生沙疗馆、露天游泳池和火山红美食街8个主要景点。此外，酒庄拥有各类客房401间，包括主楼标间、大床房、套房，以及园区内酒桶型风情小屋标间、单间和别墅等（图9–16）。

图9-15 火山红哥特式酒文化展示中心

图9-16　酒庄客房图

七、亿茂酒庄（3A级景区）

吐鲁番亿茂酒庄坐落于吐鲁番葡萄酒庄产业园区，是一座集葡萄种植、技术研发、葡萄酒酿造与销售、葡萄酒文化推广、酒庄建设投资为一体的现代化精品酒庄。亿茂酒庄地处北纬43°的天山山脉，光热资源充足，昼夜温差大，降水少，可有效降低真菌病的发病率，适宜有机栽培。更有天山冰川的纯净雪水及砂砾石土壤滋养，这一切因大自然的恩赐与偏爱汇聚于此，使酒品极具新疆天山和吐鲁番自然风土味道。

亿茂酒庄拥有一支熟知新疆风土的优秀酿酒团队，在葡萄种植、采摘、酿造、品鉴等方面有着精湛的技艺、丰富的经验及敏锐的嗅觉。酒庄特聘中国著名葡萄酒酿造专家、国家级葡萄酒品酒师及高级工程师陈洪宾担任全职酿酒师。他凭借一套成熟的酿造体系，带着酿酒团队扎根于葡萄园、穿梭于酒窖、沉浸于实验室，以匠心书写亿茂酿造的故事。

亿茂酒庄坚持“颗颗粒粒精选，批批罐罐精酿”的酿造准则，精心酿造出具有中国特色的葡萄酒（图9-17～图9-21）。亿茂酒庄希望，当每一瓶酒开启时都能让品酒者感受到亿茂品牌带来的对家国、对生活的热爱。

图9-17　亿茂陈酿赤霞珠干红葡萄酒(2019)

图9-18　亿茂陈酿美乐干红葡萄酒

图9-19　亿茂天山红赤霞珠干红葡萄酒

图9-20　亿茂天山红美乐

图9-21　亿茂新疆红葡萄酒

八、天露酒庄

吐鲁番市天露酒庄有限责任公司坐落于著名的世界葡萄名城——新疆吐鲁番，成立于2015年，打造集种植、酿造、旅游、餐饮、接待为一体的综合性酒庄。“只有家族才能作长线的计划，一代接一代地孕育出好酒”，天露酒庄立志于酿造纯正、自然、高品质的酒庄酒（图9-22～图9-24），以“耕土耕心，酿酒酿人”的态度对待葡萄酒、对待自我、对待他人。

MOONLIGHT LAKE*
RESERVA WINE

月光湖-珍藏系列

· 荣获布鲁塞尔国际葡萄酒大奖赛金奖
· 荣获第十届亚洲葡萄酒质量大赛金奖

专家评语

颜色：深邃浓郁的宝石红色
香气：鼻腔中充斥着浓郁的黑色浆果香味，与橡木桶赋予的烘烤、香料气息完美结合。
口感：酒体饱满厚重，结构紧实平衡，如天鹅绒般丝滑的丹宁，口中充满着甜美多汁的果酱与黑巧克力的芳香，并随着醒酒的持续，不断展现出不同的味觉层次，具有很好的陈年潜力。

技术信息

产区：新疆吐鲁番
葡萄品种：100%赤霞珠
发酵类型与发酵时间：
原料限产200kg、手工粒选入小型不锈钢罐内控温发酵，采用冷浸渍工艺，并延长浸渍时间来萃取更多的风味物质。
陈酿类型与陈酿时间：
100%法国新橡木桶陈酿10个月，瓶储3个月以上。

酒体分析

酒精度：15°　酸度：6.8　pH：3.7
最佳品尝日期：专业储存条件下，预计5-7年酒龄时达到最佳品尝期
建议：适饮温度18° C左右，醒酒30min以上

图9-22　天露酒庄月光胡珍藏系列

FUYOU *
GRAPE DISTILLED WINE

浮游-葡萄蒸馏酒

图9-23 天露酒庄葡萄蒸馏酒

酒评

甄选吐鲁番古老葡萄品种为原料，采用独创的夏朗德改良型三釜壶式蒸馏，通过精湛工艺和多道复杂工序，百分百葡萄精华萃取而成；色泽晶莹剔透，细腻的白色桑树花香、淡淡的烤杏仁和黄梨香，口感醇厚圆润，回味细腻悠长，具有很强的风土特色。

技术信息

产区：新疆吐鲁番

品种：葡萄

酒体分析

酒精度：50°

FUYOU *
JUJUBE DISTILLED WINE

浮游-红枣蒸馏酒

图9-24 天露酒庄红枣蒸馏酒

酒评

甄选新疆优质红枣为原料，采用独创的夏朗德改良型三釜壶式蒸馏，通过精湛工艺和多道复杂工序，百分百红枣精华萃取而成；酒体绵柔醇和，枣香浓郁，回味细腻持久，富含营养，极具特色。

技术信息

产区：新疆吐鲁番

品种：红枣

酒体分析

酒精度：46°

九、德源酒庄

德源酒庄位于闻名遐迩的葡萄故乡——吐鲁番市托克逊县赛尔墩酒庄园内，属南疆、北疆、东疆三疆交汇地，地理位置独特，是全国唯一的海拔零点城，曾是丝绸古道上的著名驿站。

德源酒庄周边绿化面积$6.67 \times 10^4 m^2$，绿地率高达90%以上，是一座集葡萄酒酿造，葡萄和果树育苗及种植、采摘、观光、娱乐等一体化服务的精品酒庄。酒庄拥有得天独厚的酿酒葡萄种植基地，与世界著名葡萄酒产区法国波尔多、美国加州处于同一纬度，天然的砾质沙土壤、全年长达3200h的日照时间加上天山雪融水的灌溉与滋养，为种植优质酿酒葡萄提供了得天独厚的自然条件，并为酿造精品葡萄酒提供优质原材料。

此外，酒庄在秉承传统酿造工艺的基础上，追求至善至真、精益求精，聘请经验丰富的专业酿酒师，采用全套先进酿酒工艺和灌装设备，在葡萄园管理、采摘、葡萄处理及发酵、贮存等各个环节精心把控，保证了葡萄酒的品质。德源酒庄依托大美新疆独有的生态环境，传承丝绸之路古老的酿酒工艺和文化内涵，努力打造新疆名优产品，致力于为广大消费者提供健康、高品质的葡萄酒（图9-25～图9-27）。

图9-25　原麓®贵人香干白葡萄酒

图9-26　原麓®赤霞珠干红葡萄酒（2015）

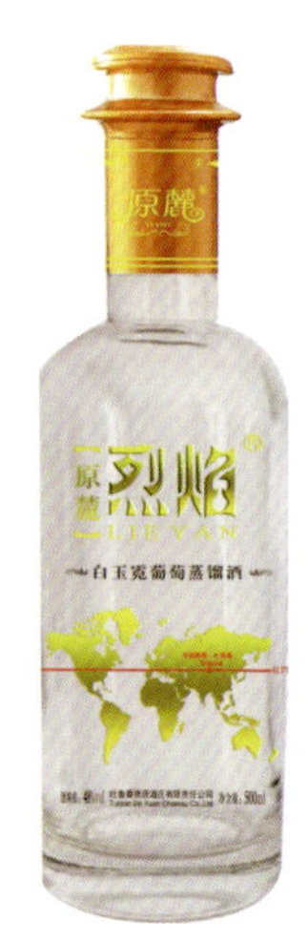

图9-27　原麓®烈焰·白玉霓葡萄蒸馏酒

十、零海拔酒庄（3A级景区）

托克逊县零海拔酒业有限公司（图9-28、图9-29）由新疆荣坤国际投资集团有限公司于2014年始建设，占地面积约$2.6\times10^5m^2$，其中葡萄种植面积$1.3\times10^5m^2$，建筑面积$3.5\times10^4m^2$，设计产能2000t，酒庄是集酿酒葡萄栽培种植、葡萄酒酿造、美酒品鉴、采摘酿造体验、休闲度假、旅游观光于一体的综合性酒庄。酒庄现已建成酒文化中心1座、设备先进的生产车间1个、规模宏大的地下酒窖1座及周边各具特色的小酒庄15座，各酒庄周围环绕种植10余种不同口感和香气的鲜食及酿酒葡萄品种。

酒庄坐落于吐鲁番市托克逊县，省道202旁，交通十分便利，依白杨河畔，按欧美风格而建，环境优雅。酒庄于2016年正式投产，产品包括干白、干红、桃红、利口酒、杏子酒、桑葚酒、蒸馏酒、白兰地八大系列十余个产品。

酒庄以质量为根本，确保为消费者提供优质安全的产品。酒庄产品在国内外葡萄酒大赛中获得两金两银的成绩，其中2017年零海拔波特酒获得第八届亚洲葡萄酒质量评比大赛银奖；2019年零海拔赤霞珠窖藏干红葡萄酒获得第十届亚洲葡萄酒质量评比大赛金奖；2019年零海拔爱格丽干白葡萄酒获得第十届亚洲葡萄酒

图9-28 零海拔酒庄

图9-29　零海拔酒庄大门

质量评比大赛金奖；2019年零海拔爱格丽干白葡萄酒获得第五届DSW国际精品葡萄酒挑战赛银奖。

十一、赤亭酒庄

赤亭酒庄有限公司是响应国家“一带一路”战略建立起来的特色酒庄，因坐落于古丝绸之路赤亭古道而得名，成立于2014年6月，酒庄建筑面积超过$2\times10^4m^2$，周围绿树掩映，环境优美。近年来，酒庄栽植葡萄面积约$5.33\times10^5m^2$，以大漠绿洲生态文明建设为基础、以吐鲁番葡萄资源为依托、以丝绸之路文化为灵魂，以葡萄酒庄园模式，发展葡萄种植、葡萄酒系列产品生产加工、吐鲁番葡萄酒展示、葡萄酒庄经营等，打造具有大漠农耕文化脉络的生态型葡萄酒庄园和葡萄酒综合服务区。

酒庄充分利用吐鲁番市葡萄资源优势，坚持以打造精品酒庄为目标，选用优质葡萄原料，聘请国内资深酿酒师，开发酿造出了赤亭古堡、赤亭金樽、古藤1

号、庄园干红葡萄酒和风干甜型酒等系列产品，每年甄选酒庄产品参加国内外葡萄酒大赛，古藤1号（图9-30）、金梦（图9-31）等多款葡萄酒在历届亚洲葡萄酒质量大赛中获奖。

图9-30　古藤一号

图9-31　金梦

十二、雅尔香酒庄

吐鲁番市雅尔香酒庄有限公司成立于2015年，坐落于吐鲁番市高昌区湘江大道168号（葡萄产业园），是一家以葡萄酒为主营业务，葡萄及葡萄制品开发、研制、种植与销售为一体的企业。现有员工12人，其中技术人员5名、管理人员3名。

公司占地面积约50000m^2，其中建设用地约20000m^2，种植用地约26666.67m^2。目前公司已完成项目一期建设：建成四层综合楼一幢，建筑面积4932.32m^2，该楼计划用于酒店住宿，地下室用于酒吧、娱乐、储藏等。建设有标准化钢结构车间1850m^2、砖混结构车间400m^2，车间内电、上下水基础设施齐全。

公司多年来一直致力于葡萄蒸馏酒、葡萄红酒的研究开发，在生产无核白蒸

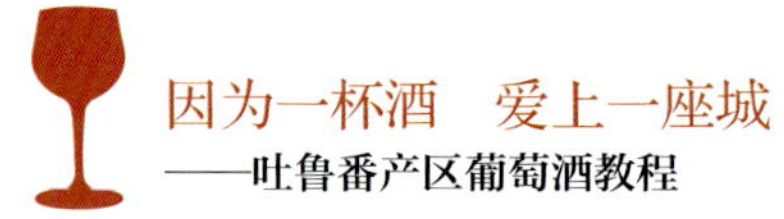

馏酒方面有着独到的工艺和成熟的生产技术，公司拥有500t的集发酵、储酒、冷冻处理为一体的联合车间、酿酒设备和生产线。

公司目前有“雅尔香”“葡城印象”“丝驼”“疆客”“葡都”等商标，于2021年申报发明专利2项，取得授权实用新型专利7项。产品有葡萄蒸馏酒（图9-32）、干红葡萄酒、晚收甜红/白葡萄酒、桑椹酒、果酒，市场反馈良好，深受消费者喜爱。

图9-32　雅尔香葡萄蒸馏酒

图9-33和图9-34是吐鲁番酒庄的详细介绍。

图9-33 吐鲁番酒庄路线图

楼兰酒庄国家4A级旅游景区、国家工业旅游示范基地

位于吐鲁番市鄯善县，拥有新疆面积最大、品种最全、树龄最长的葡萄母本园，建有西域壁画文化地下酒窖、楼兰葡萄酒博物馆、酿造中心和游客接待服务中心等，是集葡萄种植、葡萄酒生产、葡萄酒文化体验、休闲度假、观光旅游、餐饮、会议团建、娱乐等多功能于一体的综合性葡萄酒主题庄园，景区民宿和接待中心有房间80间，日接待能力200人。主要生产楼兰古堡、深根、酒庄酒、楼兰定制酒等系列葡萄酒产品，2024年楼兰拾桂古堡干红获得法国FIWA国际大赛“大金奖”。

火山红酒庄国家3A级旅游景区、自治区工业旅游示范基地

位于吐鲁番市高昌区，拥有200余间特色酒桶房和3公里地下酒窖及酒历史长廊、哥特式风格酒文化展示中心、养生沙疗馆、露天游泳池、美食街等，是集酒店住宿、餐饮、葡萄酒展销、旅游观光、休闲娱乐、康体养生和酒文化展示于一体的综合性酒庄，有客房400间，可同时接待800人。主要生产红葡萄酒、白葡萄酒、桃红葡萄酒、起泡葡萄酒、白兰地等系列产品。

車师酒庄国家3A级旅游景区、自治区工业旅游示范基地

位于吐鲁番市鄯善县，是中国第一白兰地酒庄，建有葡萄酒展厅、地下酒窖、水上乐园、大型蹦床公园、网球场和健身馆等，是集葡萄种植、加工酿造、观光旅游、体育健身、娱乐休闲、奇石建筑、餐饮和酒类品鉴为一体的综合性酒庄。主要产品有车师白兰地、葡萄烧、干红葡萄酒、柔丁香浓甜葡萄酒、特色葡萄汁、助眠保健酒（桑葚酒）等。

新葡王国际生态酒庄

国家3A级旅游景区、自治区工业旅游示范基地

位于吐鲁番市鄯善县，建有酒店、酒文化展示中心、游客服务中心等，是一家富有文化性、体验性、观赏性和娱乐性的特色葡萄酒庄，有客房168间，可接待400余人。产品有干红、全汁、露酒三大系列八十多个品种。

零海拔酒庄国家3A级旅游景区

位于吐鲁番市托克逊县，是集酿酒葡萄栽培种植、葡萄酒酿造、美酒品鉴、采摘酿造体验、休闲度假、旅游观光于一体的综合性酒庄。产品包括干白、干红、桃红、利口酒、杏子酒、桑葚酒、蒸馏酒、白兰地八大系列十余个品种。

吐鲁番亿茂酒庄国家2A级旅游景区

位于吐鲁番市高昌区，集葡萄种植、技术研发、葡萄酒酿造、葡萄酒文化研学旅游于一体，实现数字化窖藏，以“酿民族精品好酒，做国人餐桌好友”为理念，主要生产葡萄酒及果酒、利口酒、蒸馏酒、白兰地等产品。

高昌郡酒庄国家2A级旅游景区
位于吐鲁番市高昌区，是集葡萄酒文化宣传推广、网络电子销售、特色农副产品、农业观光旅游为一体的综合性葡萄酒庄园。主要生产中、高端特色葡萄酒、蒸馏酒。
驼铃酒庄
位于吐鲁番市高昌区，紧邻吐鲁番5A级景区葡萄沟。建有葡萄酒文化博物馆、大海道葡萄乐园、地下储酒窖和酒吧等，是集葡萄酒文化及葡萄酒品鉴、住宿、餐饮于一体的特色酒庄，有客房50间，可接待100人。有风干系列葡萄酒、古法酿制葡萄酒、蒸馏酒等十余个品种的产品。
蒲昌酒庄
位于吐鲁番市高昌区，是国内最早实行国标有机及欧盟有机双认证的企业，产品销往英国及奥地利市场，主要产品有赤霞珠、黑皮诺、北醇和沙布拉维干红葡萄酒、白羽和亚尔香干白葡萄酒、亚尔香甜白葡萄酒和北醇甜红葡萄酒、桑葚利口酒等。
雅尔香酒庄
位于吐鲁番市高昌区，生产“雅尔香”葡萄蒸馏酒，100%采用吐鲁番优质无核白葡萄发酵、夏朗德壶式工艺蒸馏而成，是一款既有白酒属性，又有红酒所含营养健康成分的新型“葡萄蒸馏酒”。
德源酒庄
位于吐鲁番市托克逊县，是集葡萄酒酿造、观光、娱乐、餐饮于一体的综合性酒庄。有赤霞珠干红葡萄酒、龙凤呈祥干红葡萄酒、哈密瓜酒、白兰地等系列品种，在酒庄可亲自酿造一瓶属于自己的葡萄酒。
圣哥安酒庄
位于吐鲁番市高昌区，酒庄集酿酒、旅游参观、鲜果采摘、餐饮烧烤于一体，主要生产“圣哥安”系列葡萄酒。
天缘酒庄
位于吐鲁番市高昌区，酒庄整体风格以徽派建筑为主，是集葡萄酒生产、酒文化展示、餐饮、住宿、旅游观光为一体的现代化时尚酒庄，主要生产葡萄蒸馏酒、无醇葡萄酒等。

图9-34

沙漠绿洲酒庄

位于吐鲁番市高昌区221团，是中国葡萄酒行业小产区的专业酿酒企业。有美乐干红、赤霞珠干红、浓缩风甘甜葡萄酒、无核白葡萄酒等一系列优质葡萄酒和桑葚酒。

农科所果酒研究中心

位于吐鲁番市高昌区，农科所果酒团队围绕葡萄、桑葚、葡萄干等开展葡萄酒及果酒的研究、生产，获自治区科技进步二等奖1项、专利三等奖1项和吐鲁番科技进步二等奖1项，授权国家发明专利4项，获技术成果5项，转化成果3项。

天露酒庄

位于吐鲁番市高昌区，集酒文化、酒生态、酒产业、酒娱乐和采摘、体验酿酒工艺为一体，生产“浮游”系列红枣蒸馏酒、葡萄蒸馏酒和“月光湖”系列干红、干白葡萄酒。

赤亭酒庄

位于吐鲁番市鄯善县，以丝绸之路文化为灵魂，打造具有大漠农耕文化脉络的生态型葡萄酒庄园，有干红葡萄酒和风干利口酒等系列产品。

西美酒庄

位于吐鲁番市鄯善县，是一家致力于葡萄种植与酿酒相结合的现代化企业，以有机葡萄酒、葡萄蒸馏酒、养生酒、干红、干白、冰红、冰白等十余款产品为主体，拥有“西美”“虹焰”等知名品牌。

恒沩庄园

位于吐鲁番市托克逊县，是集葡萄种植、酿酒、观光旅游、休闲度假及葡萄酒文化展示为一体的综合性酒庄，生产赤霞珠干红葡萄酒、霞多丽干白葡萄酒、葡萄蒸馏酒等。

吐鲁番白粮液酒厂

新疆老字号，位于吐鲁番市托克逊县，主要产品以白高粱为原料，拥有20多款“白粮”牌系列浓香型白酒。

图9-34　吐鲁番的主要酒庄

参考文献

[1] 杨黎 . 吐鲁番葡萄志 [M]. 新疆生产建设兵团出版社,2015.

[2] 刘崇怀,马小河,武岗. 中国葡萄品种 [M] . 北京:中国农业出版社 .

[3] 中华人民共和国国家质量监督检验检疫总局,中国国家标准化管理委员会. GB/T 15037—2006 葡萄酒 [S]. 北京:中国标准出版社,2006.

[4] 李华,王华,袁春龙,等. 葡萄酒工艺学 [M]. 第 2 版. 北京:科学出版社,2023.

[5] 葛亮,李芳. 葡萄酒酿造与检测技术 [M]. 北京:化学工业出版社,2013.

[6] 朴美子,滕刚,李静媛. 葡萄酒工艺学 [M]. 北京:化学工业出版社,2020.

[7] 国家质量监督检验检疫总局,中国国家标准化管理委员会. 白兰地: GB/T 11856-2008 [S]. 北京:中国标准出版社,2009.

[8] 郑佩. 红枣酒生产工艺研究 [D]. 太原:山西大学,2006.

[9] 李海升,高开慧,张瑜,等. 山葡萄白兰地酿造工艺 [J]. 食品安全导刊,2019(30): 107-108.

[10] 国家市场监督管理总局,国家标准化管理委员会. 饮料酒术语和分类: GB/T 17204—2021 [S]. 北京:中国标准出版社,2021.

[11] 于志海. 果酒酿造技术 [M]. 北京:中国轻工业出版社,2022.

[12] 王淑豪,冯雪,赵京涛,等. 红枣蒸馏酒原酒发酵工艺优化及品质分析 [J]. 中国酿造,2024,43(2):152-159.

[13] 韩琛,雷静,王婷. 优质哈密瓜酒酿造工艺的研究 [J]. 酿酒科技,2016(8):97-99.

[14] 贝琳达 · 诗. 完全葡萄酒品鉴教程 [M]. 欧晓蕾,译. 上海:上海文化出版社,2013.

[15] 张红梅. 葡萄酒文化旅游 [M]. 江苏:南京大学出版社,2021.

[16]秦岭. 不一样的葡萄酒全书[M]. 北京：中国轻工业出版社，2020.

[17]刘世松，练武，刘爽. 葡萄酒营养学[M]. 北京：中国轻工业出版社，2018.

[18]Kustos M, Goodman S, Jeffery D W, et al. Appropriate food and wine pairings and wine provenance information: Potential tools for developing memorable dining experiences[J]. Food Quality and Preference, 2021, 94: 104297.

附录一　地理标志产品　吐鲁番葡萄酒（DB65/T 3780—2015）

1　范围

本标准规定了吐鲁番葡萄酒的术语和定义、地理标志产品保护范围、产品分类、要求、试验方法、检验规则及标志、包装、运输、贮存。

本标准适用于国家质量监督检验检疫行政部门批准的地理标志产品　吐鲁番葡萄酒。

2　规范性引用文件

下列文件对于本文件的应用是必不可少的。凡是注日期的引用文件，仅所注日期的版本适用于本文件。凡是不注日期的引用文件，其最新版本（包括所有的修改单）适用于本文件。

GB/T 191《包装储运图示标志》。

GB 2758《食品安全国家标准　发酵酒及其配制酒》。

GB 5749《生活饮用水卫生标准本标准》。

GB 7718《食品安全国家标准　预包装食品标签通则》。

GB 10344《预包装饮料酒标签通则》。

GB 13736《食品添加剂山梨酸钾》。

GB 15037《葡萄酒》。

GB/T 15038《葡萄酒、果酒通用分析方法》。

GB/T 17204《饮料酒分类》。

GB/T 19585《地理标志产品 吐鲁番葡萄》。

NY/T 391《绿色食品 产地环境质量》。

NY/T 393《绿色食品 农药使用准则》。

NY/T 394《绿色食品 肥料使用准则》。

JJF 1070《定量包装商品计量检验规则》。

中华人民共和国国家经济贸易委员会[2002]第81号公告《中国葡萄酿酒技术规范》。

国家质量监督检验检疫总局令[2005]第75号令《定量包装商品计量监督管理办法》。

3 术语和定义

GB 15037、GB/T 17204确立的以及下列术语和定义适用于本文件。

吐鲁番葡萄酒(Turpan Wines):用吐鲁番葡萄酒地理标志产品保护区域范围内生产的酿酒葡萄，在规定的保护范围内，经发酵酿制而成的并且工艺要求和质量要求达到本标准规定的葡萄酒。

4 地理标志产品保护范围

吐鲁番葡萄酒地理标志产品保护范围限于国家质量监督检验检疫行政主管部门根据《地理标志产品保护规定》批准保护的范围，保护范围为新疆维吾尔自治区吐鲁番市二堡乡、三堡乡、艾丁湖乡、亚尔乡、葡萄乡、红柳河园艺场、胜金乡、恰特喀勒乡、七泉湖镇、大河沿镇、兵团农三师221团，鄯善县七克台镇、辟展乡、迪坎乡、达浪坎乡、吐峪沟乡、鲁克沁镇、连木沁镇、东巴扎乡，托克逊县郭勒布依乡、博斯坦乡、夏乡、伊拉湖乡、阿乐惠镇、库米什镇，共25个乡镇、农场、团现辖行政区域。

5 产品分类（按色泽分类）

分为红葡萄酒、白葡萄酒两种。

6 要求

6.1 产地要求

6.1.1 日照：年日照时数2912.3～3062.5h，年日照百分率65%～69%。

6.1.2 气温：年气温11.7～14.4℃，全年大于等于10℃的积温4598.8～5480.0℃，8月、9月大于等于10℃的积温大于等于1000℃，无霜期205～236d。

6.1.3 降水：年降水量8.8～27.6mm。

6.1.4 水：天山冰雪融化水形成的地表水和地下水。

6.1.5 空气相对湿度：年平均42%～44%，8月～9月平均35%～40%。

6.1.6 土壤：土壤系灌耕土、灌淤土、风沙土、潮土和经过改良的棕色荒漠土，土壤通透性良好，含盐量低于0.3%，土壤呈中性略偏碱性。

6.2 葡萄生长环境

应符合GB/T 19585、NY/T 391规定。

6.3 原料要求

6.3.1 葡萄生产要求：农药应符合NY/T 393的规定；肥料应符合NY/T 394的规定。一级葡萄盛果期产量不超过500kg/666.7km^2；二级葡萄盛果期产量不超过800kg/666.7km^2。

6.3.2 品种要求

6.3.2.1 酿造红葡萄酒的品种：赤霞珠（Cabernet Sauvignon）、西拉（Syrah）、梅鹿辄（Merlot）。

6.3.2.2 酿造白葡萄酒的品种：霞多丽（Chardonnay）、雷司令（Riesling）。

6.4 生产工艺要求

应符合中华人民共和国国家经济贸易委员会［2002］第81号公告规定。

7 技术要求

7.1 原料要求

7.1.1 酿造发酵酒的红葡萄含糖量应≥205g/L，酿造发酵酒的白葡萄含糖量应≥205g/L；果皮着色均匀，果粒新鲜、洁净、无病虫害果、霉烂果、裂果、生青果、僵果。无农药污染。

7.1.2 原料水：应符合GB 5749的规定。

7.1.3 山梨酸或山梨酸钾：应符合GB 13736的规定。

7.2 感官要求

应符合表1的规定。

表1 感官要求

项目		要求	
		红葡萄酒	白葡萄酒
外观	色泽	紫红、深红、深宝石红	近似无色、微黄带绿、浅禾秆黄、金黄色、琥珀色
	澄清程度	澄清透明，有光泽，无明显悬浮物（使用软木塞封口的酒允许有少量软木渣，装瓶超过1年的葡萄酒允许有少量沉淀）	
香气与滋味	香气	香气浓郁，纯正，具有品种典型特点	
	滋味	醇厚、平衡协调、柔顺、有较强结构感	口感圆润，清爽、协调

7.3 理化指标

应符合表2规定。

表2　理化指标

项目		要求
酒精度[a]（20 ℃）（体积分数）/%		≥ 11.0
总糖[d]（以葡萄糖计）/（g/L）	干型葡萄酒[b, c]	≤ 4.0
挥发酸（以乙酸计）/（g/L）	干型葡萄酒	≤ 1.2
柠檬酸 /（g/L）	干型葡萄酒	≤ 1.0
干浸出物 /（g/L）	干白葡萄酒	≥ 17.0
	干红葡萄酒	≥ 20.0
甲醇 /（mg/L）	白葡萄酒	≤ 250
	红葡萄酒	≤ 400
铁 /（mg/L）		≤ 8.0
铜 /（mg/L）		≤ 1.0
苯甲酸或苯甲酸钠（以苯甲酸计）/（mg/L）		≤ 50
山梨酸或山梨酸钾（以山梨酸计）/（mg/L）		≤ 200
注：总酸不作要求，以实测值表示（以酒石酸计）		

注 1：[a] 酒精度标签标示值与实测值不得超过 ±1.0%（体积分数）。
注 2：[b] 当总糖与总酸（以酒石酸计）的差值小于或等于 2.0g/L，含糖最高为 9.0g/L。
[c] 当总糖与总酸（以酒石酸计）的差值小于或等于 2.0g/L，含糖最高为 18.0g/L。
[d] 低泡葡萄酒总糖的要求同平静葡萄酒。

7.4　卫生要求

应符合 GB 2758 规定。

7.5　净含量

按国家质量监督检验检疫总局令［2005］第 75 号执行。

8　试验方法

8.1　感官指标

按 GB/T 15038 规定执行。

8.2　理化指标

按GB/T 15308规定执行。

8.3　卫生要求

按GB 2758执行。

8.4　净含量

按JJF 1070规定方法检验。

9　检验规则

9.1　组批

同一生产期内所生产的同一类别、同一品质且经包装出厂的规格相同的产品为同一批。

9.2　抽样方式和数量

按GB 15037规定执行。

9.3　检验分类

9.3.1　出厂检验

9.3.1.1　每批产品出厂前，应由生产厂的质量检验部门按本标准规定逐批检验，检验合格后，厂家签署质量合格证明并粘贴吐鲁番葡萄酒地理标志产品保护专用标志方可出厂。产品质量检验合格证明（合格证）可以放在包装箱内，或放在独立的包装盒内，也可以在标签上或包装箱外打印“合格”或“检验合格”字样。

9.3.1.2　出厂检验项目：发酵葡萄酒检验项目包括感官要求、酒精度、总糖、挥发酸、干浸出物、总二氧化硫、净含量和标签。

9.3.2　型式检验

9.3.2.1　一般情况下，同一类产品的型式检验每半年进行一次，有下列情况之一者，亦应进行。

9.3.2.1.1　改变原、辅材料。

9.3.2.1.2　改变关键工艺。

9.3.2.1.3　停产3个月以上，重新恢复生产时。

9.3.2.1.4　出厂检验结果有较大波动时。

9.3.2.1.5　国家质量监督检验机构按有关规定需要抽检时。

9.3.2.2　检验项目为7.2～7.5项目。

9.4　判定规则（发酵酒葡萄酒）

9.4.1　不合格分类

9.4.1.1　A类不合格：感官要求、酒精度、干浸出物、挥发酸、甲醇、柠檬酸、防腐剂、卫生要求、净含量、标签。

9.4.1.2　B类不合格：干浸出物、铁、铜。

9.4.1.3　检验结果有两项以下（含两项）不合格项目时，应重新自同批产品中抽取两倍量样品对不合格项目进行复检，以复检结果为准。

9.4.2　复检结果中如有以下3种情况之一时，则判该批产品不合格。

9.4.2.1　一项以上A类不合格。

9.4.2.2　一项B类超过规定值的50%以上。

9.4.2.3　两项B类不合格。

9.4.3　当供需双方对检验结果有异议时，可由相关各方协商解决，或委托有关单位进行仲裁检验，以仲裁检验结果为准。

10　标志、包装、运输及贮存

10.1　标志、标签

10.1.1　标签按GB 10344、GB 7718规定执行。

10.1.2　标签上若标注葡萄酒的年份、品种、产地，应符合GB 15037规定。

10.1.3　获得批准的生产企业，可在其产品外包装上使用地理标志产品专用标志。

10.1.4　包装储运图示标志应符合GB/T 191的规定。

10.2　包装

10.2.1　包装材料应采用符合食品卫生要求的包装材料，但不得使用塑料包装材料，不得使用回收玻璃酒瓶。起泡葡萄酒的包装材料应符合相应的耐压要求。包装容器应整齐、清洁，封装严密，无漏气、漏酒现象。

10.2.2　外包装应使用合格的瓦楞纸箱或具有相同功能的其他包装，箱内有防震、防撞的间隔材料。

11　运输、贮存

11.1　用软木塞封装的酒，在贮运时应“倒放”或“卧放”。

11.2　运输和贮存时应保持清洁、避免强烈振荡、日晒、雨淋，防止冰冻，装卸时应轻拿轻放。

11.3　贮存地点应阴凉、干燥、通风良好，严防日晒、雨淋，严禁火种。

11.4　成品不得与潮湿地面直接接触，不得与有毒、有害、有异味、有腐蚀性的物品同贮、同运。

11.5　运输温度宜保持在5～35℃，贮存温度宜保持在5～25℃。

11.6　按上述条件运输、贮存的葡萄酒不应发生浑浊、酸败现象。

附录二 吐鲁番产区葡萄酒获奖产品名录

序号	酒庄名称	获奖产品	参加大赛名称	奖项	参赛年份
1	吐鲁番楼兰酒庄股份有限公司	楼兰古堡赤霞珠干红葡萄酒（小古堡）	布鲁塞尔国际葡萄酒大奖赛	金奖	2018
2	吐鲁番楼兰酒庄股份有限公司	楼兰古堡赤霞珠干红葡萄酒（小古堡）	第 9 届亚洲葡萄酒质量大赛	金奖	2018
3	吐鲁番蒲昌葡萄酒业有限公司	蒲昌北醇 2015	2018DECANTER 世界葡萄酒大赛	银奖	2018
4	吐鲁番德源酒庄有限责任公司	原麓 ® 烈焰 · 白玉霓葡萄蒸馏酒	第 21 届 IGC 葡萄酒与烈酒大奖赛	银奖	2018
5	新疆吐鲁番新葡王酒业有限公司	新葡王酒庄典藏干红	第 9 届亚洲葡萄酒质量大赛	银奖	2018
6	吐鲁番高昌郡酒庄有限公司	高昌郡赤霞珠干红葡萄酒 (2015)	第 9 届亚洲葡萄酒质量大赛	银奖	2018
7	吐鲁番德源酒庄有限责任公司	原麓 ® 赤霞珠干红葡萄酒（2015）	第 9 届亚洲葡萄酒质量大赛	银奖	2018
8	新疆車师酒庄有限公司	车师白兰地	第 9 届亚洲葡萄酒质量大赛	银奖	2018
9	吐鲁番德源酒庄有限责任公司	原麓 ® 贵人香干白葡萄酒	第 9 届亚洲葡萄酒质量大赛	银奖	2018
10	吐鲁番高昌郡酒庄有限公司	高昌郡（尊享）赤霞珠干红葡萄酒 (2015)	第 9 届亚洲葡萄酒质量大赛	银奖	2018
11	吐鲁番楼兰酒庄股份有限公司	楼兰酒庄深根 600 干红葡萄酒	第 5 届 DSW 国际精品葡萄酒挑战赛	金奖	2019
12	吐鲁番德源酒庄有限责任公司	原麓 ® 烈焰 · 白玉霓葡萄蒸馏酒	2019IWGC 国际葡萄酒（中国）大奖赛	金奖	2019
13	吐鲁番市天露酒庄有限责任公司	天露酒庄月光湖珍藏干红	第 26 届布鲁塞尔国际葡萄酒大奖赛	金奖	2019
14	吐鲁番德源酒庄有限责任公司	原麓 ® 烈焰 · 白玉霓葡萄蒸馏酒	第 22 届 IGC 国际葡萄酒与烈酒大奖赛	金奖	2019
15	吐鲁番德源酒庄有限责任公司	原麓 ® 烈焰 · 白玉霓葡萄蒸馏酒	第 10 届新疆农产品北京交易会	金奖	2019
16	吐鲁番楼兰酒庄股份有限公司	楼兰堡赤霞珠干红葡萄酒	国际葡萄酒品评赛（IWC）	银奖	2019
17	吐鲁番德源酒庄有限责任公司	原麓 ® 烈焰 · 白玉霓葡萄蒸馏酒	法国国际烈酒大奖赛	银奖	2019

续表

序号	酒庄名称	获奖产品	参加大赛名称	奖项	参赛年份
18	吐鲁番楼兰酒庄股份有限公司	楼兰堡赤霞珠干红葡萄酒	DECANTER 世界葡萄酒大赛	银奖	2019
19	吐鲁番楼兰酒庄股份有限公司	楼兰酒庄深根 600 干红葡萄酒	DECANTER 世界葡萄酒大赛	银奖	2019
20	吐鲁番德源酒庄有限责任公司	原麓 ® 烈焰・白玉霓葡萄蒸馏酒	2019CFWC 白兰地专项品鉴	银奖	2019
21	吐鲁番赤亭酒庄有限公司	古藤 1 号	第 10 届亚洲葡萄酒质量大赛	银奖	2019
22	吐鲁番德源酒庄有限责任公司	原麓 ® 烈焰・白玉霓葡萄蒸馏酒	第 10 届亚洲葡萄酒质量大赛	银奖	2019
23	吐鲁番高昌郡酒庄有限公司	高昌郡(尊享级)赤霞珠干红葡萄酒(2015)	第 10 届亚洲葡萄酒质量大赛	银奖	2019
24	吐鲁番德源酒庄有限责任公司	原麓 ® 烈焰・白玉霓葡萄蒸馏酒	2019 中国优质葡萄酒挑战赛	银奖	2019
25	吐鲁番蒲昌葡萄酒业有限公司	蒲昌白羽 2020	萨克林中国百大葡萄酒榜单	第 3 名	2020
26	新疆吐鲁番新葡王酒业有限公司	新葡王酒庄私享级干红葡萄酒(珍藏版)	第 11 届新疆农产品北京交易会	金奖	2020
27	吐鲁番蒲昌葡萄酒业有限公司	蒲昌赤霞珠 2016	2020DECANTER 世界葡萄酒大赛	铜奖	2020
28	吐鲁番楼兰酒庄股份有限公司	楼兰古堡赤霞珠干红葡萄酒(小古堡)	法国国际葡萄酒大奖赛	大金奖	2021
29	吐鲁番蒲昌葡萄酒业有限公司	蒲昌亚尔香 2018	中国葡萄酒峰会 2021	大金奖	2021
30	吐鲁番蒲昌葡萄酒业有限公司	蒲昌精选赤霞珠 2016	中国葡萄酒峰会 2021	大金奖	2021
31	吐鲁番市天露酒庄有限责任公司	天露酒庄浮游葡萄蒸馏酒	2021 中国(宁夏)国际葡萄酒大赛	金奖	2021
32	吐鲁番市驼铃酒业有限公司	驼铃 15 度干红	第 12 届亚洲葡萄酒质量大赛	金奖	2021
33	吐鲁番亿茂投资有限公司	(2019) 亿茂陈酿赤霞珠干红葡萄酒	第 12 届亚洲葡萄酒质量大赛	金奖	2021
34	吐鲁番市天露酒庄有限责任公司	天露酒庄浮游红枣蒸馏酒	2021 中国优质葡萄酒挑战赛	金奖	2021
35	吐鲁番市驼铃酒业有限公司	风干壹号	2021 新疆丝绸之路葡萄酒大赛	金奖	2021
36	吐鲁番市天露酒庄有限责任公司	天露酒庄月光湖珍藏干红	2021 新疆丝绸之路葡萄酒大赛	金奖	2021
37	吐鲁番德源酒庄有限责任公司	原麓 ® 烈焰・白玉霓葡萄蒸馏酒	2021 广州国际森林食品交易博览会	金奖	2021

续表

序号	酒庄名称	获奖产品	参加大赛名称	奖项	参赛年份
38	吐鲁番楼兰酒庄股份有限公司	楼兰龙腾盛世赤霞珠干红葡萄酒 2019	第 12 届亚洲葡萄酒质量大赛	银奖	2021
39	吐鲁番楼兰酒庄股份有限公司	楼兰堡赤霞珠干红葡萄酒	IGC 国际葡萄酒及烈酒大奖赛	银奖	2021
40	吐鲁番蒲昌葡萄酒业有限公司	蒲昌精选纱布拉维 2016	2021DECANTER 世界葡萄酒大赛	银奖	2021
41	吐鲁番楼兰酒庄股份有限公司	楼兰古堡赤霞珠干红葡萄酒（小古堡）	IGC 国际葡萄酒及烈酒大奖赛	银奖	2021
42	吐鲁番蒲昌葡萄酒业有限公司	蒲昌小白羽 2021	永利臻典——中国葡萄酒大赛	银奖	2021
43	吐鲁番市驼铃酒业有限公司	驼铃风干赤霞珠	第 12 届亚洲葡萄酒质量大赛	银奖	2021
44	吐鲁番亿茂投资有限公司	亿茂陈酿美乐干红葡萄酒	2021 中国优质葡萄酒挑战赛（优质酒）	银奖	2021
45	吐鲁番市驼铃酒业有限公司	驼铃 15 度干红	2021 新疆丝绸之路葡萄酒大赛	银奖	2021
46	吐鲁番亿茂投资有限公司	2018 亿茂·陈酿美乐干红葡萄酒	2021 新疆丝绸之路葡萄酒大赛	铜奖	2021
47	吐鲁番亿茂投资有限公司	亿茂陈酿美乐干红葡萄酒	2023IGC 国际葡萄酒及烈酒大赛	铜奖	2021
48	吐鲁番蒲昌葡萄酒业有限公司	蒲昌白羽橘 2021	萨克林中国百大葡萄酒榜单	第 20 名	2021
49	吐鲁番市雅尔香酒庄有限公司	雅尔香 53° 葡萄蒸馏酒	2021 新疆丝绸之路葡萄酒大赛	银奖	2021
50	吐鲁番楼兰酒庄股份有限公司	楼兰堡赤霞珠干红葡萄酒	法国国际葡萄酒大奖赛	大金奖	2022
51	吐鲁番楼兰酒庄股份有限公司	楼兰古堡赤霞珠干红葡萄酒（小古堡）	2022 国际葡萄酒（中国）大奖赛	金奖	2022
52	吐鲁番楼兰酒庄股份有限公司	楼兰酒庄沁羽柔丁香半甜白葡萄酒	中国（宁夏）贺兰山东麓国际葡萄酒大赛	金奖	2022
53	新疆車师酒庄有限公司	車师古堡赤霞珠不加硫干红 2018	第 7 届中国国际精品葡萄酒及烈酒挑战赛	金奖	2022
54	吐鲁番亿茂投资有限公司	亿茂天山红赤霞珠干红葡萄酒 (2020)	第 13 届亚洲葡萄酒质量大赛	金奖	2022
55	吐鲁番市天露酒庄有限责任公司	天露酒庄浮游红枣蒸馏酒	第 13 届亚洲葡萄酒质量大赛	金奖	2022
56	吐鲁番亿茂投资有限公司	亿茂天山红赤霞珠·2018	布鲁塞尔国际葡萄酒大奖赛－红白葡萄酒专场	银奖	2022
57	吐鲁番亿茂投资有限公司	亿茂天山红美乐·2018	布鲁塞尔国际葡萄酒大奖赛－红白葡萄酒专场	银奖	2022

续表

序号	酒庄名称	获奖产品	参加大赛名称	奖项	参赛年份
58	吐鲁番蒲昌葡萄酒业有限公司	蒲昌纱布拉维 2017	2022DECANTER 世界葡萄酒大赛	银奖	2022
59	吐鲁番蒲昌葡萄酒业有限公司	蒲昌亚尔香甜 2016	2022DECANTER 世界葡萄酒大赛	银奖	2022
60	吐鲁番亿茂投资有限公司	亿茂天山红美乐干红葡萄酒 (2020)	第 13 届亚洲葡萄酒质量大赛	银奖	2022
61	吐鲁番楼兰酒庄股份有限公司	楼兰酒庄深根 300 干红葡萄酒	中国国际葡萄酒大赛	大金奖	2023
62	吐鲁番市驼铃酒业有限公司	风干壹号	第 8 届中国国际精品葡萄酒及烈酒挑战赛	铂金奖	2023
63	吐鲁番亿茂投资有限公司	亿茂干红葡萄酒・2018	法国国际葡萄酒大奖赛	金奖	2023
64	吐鲁番亿茂投资有限公司	亿茂天山红赤霞珠・2018	法国国际葡萄酒大奖赛	金奖	2023
65	吐鲁番楼兰酒庄股份有限公司	楼兰酒庄深根 600 干红葡萄酒	中国国际葡萄酒大赛	金奖	2023
66	吐鲁番楼兰酒庄股份有限公司	楼兰酒庄深根 900 干红葡萄酒	中国国际葡萄酒大赛	金奖	2023
67	吐鲁番亿茂投资有限公司	亿茂新疆红葡萄酒 2020	2023 秋季 FIWA 法国国际葡萄酒大奖赛（中国区・干红葡萄酒类）	金奖	2023
68	吐鲁番亿茂投资有限公司	亿茂天山红赤霞珠干红葡萄酒 2020	2023 秋季 FIWA 法国国际葡萄酒大奖赛（中国区・干红葡萄酒类）	金奖	2023
69	吐鲁番楼兰酒庄股份有限公司	楼兰古堡赤霞珠干红葡萄酒（小古堡）	（新疆・昌吉）“一带一路”国际葡萄酒大赛	金奖	2023
70	吐鲁番亿茂投资有限公司	亿茂陈酿美乐干红葡萄酒	（新疆・昌吉）“一带一路”国际葡萄酒大赛	金奖	2023
71	吐鲁番亿茂投资有限公司	亿茂天山红美乐干红葡萄酒	（新疆・昌吉）“一带一路”国际葡萄酒大赛	金奖	2023
72	吐鲁番市驼铃酒业有限公司	驼铃 15 度干红	第 8 届中国国际精品葡萄酒及烈酒挑战赛	金奖	2023
73	吐鲁番蒲昌葡萄酒业有限公司	蒲昌精选纱布拉维 2017	2023DECANTER 世界葡萄酒大赛	金奖	2023
74	吐鲁番楼兰酒庄股份有限公司	楼兰酒庄 1966 赤霞珠干红葡萄酒 (2018)	第 13 届亚洲葡萄酒质量大赛	金奖	2023
75	吐鲁番楼兰酒庄股份有限公司	楼兰古堡赤霞珠干红葡萄酒（小古堡）	第 13 届亚洲葡萄酒质量大赛	金奖	2023

续表

序号	酒庄名称	获奖产品	参加大赛名称	奖项	参赛年份
76	吐鲁番德源酒庄有限责任公司	原麓®烈焰·白玉霓葡萄蒸馏酒	2023 新疆丝绸之路葡萄酒大赛	金奖	2023
77	吐鲁番亿茂投资有限公司	亿茂陈酿赤霞珠干红葡萄酒	(新疆·昌吉)“一带一路”国际葡萄酒大赛	银奖	2023
78	吐鲁番赤亭酒庄有限公司	金梦	2023 年新疆丝绸之路葡萄酒大赛	银奖	2023
79	吐鲁番亿茂投资有限公司	亿茂陈酿美乐干红葡萄酒	2024IWSC 国际葡萄酒与烈酒大赛	铜奖	2023
80	吐鲁番楼兰酒庄股份有限公司	楼兰古堡赤霞珠(拾桂)干红	法国国际葡萄酒大奖赛	大金奖	2024
81	吐鲁番楼兰酒庄股份有限公司	楼兰古堡赤霞珠干红葡萄酒(小古堡)	法国国际葡萄酒大奖赛	金奖	2024
82	吐鲁番楼兰酒庄股份有限公司	楼兰酒庄深根 900 干红葡萄酒	法国国际葡萄酒大奖赛	金奖	2024

附录三　吐鲁番葡萄酒产业发展规划

一、指导思想

以习近平新时代中国特色社会主义思想为指导，贯彻落实党的十九大和十九届二中、三中、四中、五中全会精神，贯彻落实第三次中央新疆工作座谈会精神，贯彻落实自治区党委九届十次、十一次全会精神，贯彻落实新时代党的治疆方略，牢牢扭住社会稳定和长治久安总目标，贯彻新发展理念，坚持稳中求进工作总基调，以推动高质量发展为主题，以深化供给侧结构性改革为主线，以原料基地标准化建设和壮大龙头企业为重点，以提升产业竞争力为核心，大力开拓国内消费市场，不断提高产业发展水平和产业惠民水平，把葡萄酒产业打造成为具有较强影响力和竞争力的特色优势产业。充分发挥吐鲁番产区优势、资源优势、区位优势，讲好“吐鲁番葡萄酒”故事，以“品牌发展、融合发展、创新发展”为方向，以“农民增收、农业增效、财政增长”为目标，实现葡萄酒产业发展品牌化、差异化、效益化，将吐鲁番打造成我国乃至世界上“风情最迷人、百姓最富足、社会最稳定”的最具有地域文化特征的葡萄酒产区，成为我国葡萄酒行业的新标杆。

二、基本原则

（1）市场主导，政府引导。充分发挥市场在资源配置中的决定性作用，用市场机制、价格手段倒逼产业结构优化、转型升级、提质增效。更好发挥政府作用，着力做好产业规划，制定行业标准和扶持政策，规范市场秩序，提升公共服务水平，引导优质资源向优势企业集中，不断增强吐鲁番葡萄酒产业适应国内国际消费需求变化的能力。

（2）原料提升，双轮驱动。把种植基地标准化建设作为吐鲁番葡萄酒产业健康发展的根基，加大良种化、标准化、规模化种植，提升优质原料供给能力。选准市场定位，坚持葡萄酒产业工业化规模化发展和酒庄特色化、精品化发展“双轮”驱动并重，进一步促进葡萄酒产业向酿酒葡萄优势产区和旅游资源丰富区域集聚。

（3）科技创新，品牌优先。加大葡萄酒产业研发投入，支持产学研合作，不断提升产品质量。用新一代信息技术赋能产业转型升级，提升产业数字化、智能化发展水平。加大葡萄酒产区地理标志产品申报和宣传推广力度，选准领军企业，创出知名品牌，提高品牌知名度和美誉度。

（4）文化引领，产业融合。充分挖掘吐鲁番深厚的葡萄酒历史文化，在品牌建设和营销推广中突出地域文化特色，打造特色品牌。依托丰富特色旅游资源，促进葡萄酒产业与文化旅游产业深度融合，力争培育一批新业态、新模式，引领带动新型消费。

（5）质量安全，绿色健康。加强行业管理，建立健全种植、生产、销售等葡萄酒全产业链标准化体系，落实市场准入和产品质量监督抽查制度，提升产品质量安全管理水平。抓好葡萄酒绿色产区建设，强化生产过程的节能减排和资源综合利用，推进绿色、有机产品认证，实现葡萄酒产业健康发展。

三、主要目标

（1）产业发展规模扩大。到2025年，全市葡萄酒年产量6万千升，其中发酵酒4万千升、蒸馏酒2万千升。成品酒年产量2.4万千升，占总产量40%以上，其中发酵酒1.6万千升、蒸馏酒0.8万千升。实现葡萄酒销售收入40亿元以上。

（2）产业结构趋于合理。根据消费者对市场葡萄酒类型的需求，逐步调整酒庄产品结构，加大性价比高的低酒精度果酒、蒸馏酒、中档葡萄酒生产。到2025年，葡萄酒本地加工比例达到70%以上，酒庄酒及高档酒的比例达到30%以上，本地葡萄利用率达到30%以上。

（3）产业富民作用显著。提高本地葡萄加工利用率，增强葡萄酒产业对一二三产业的拉动作用。鼓励和引导农户积极参与葡萄种植，生产加工，以及葡萄酒文化、旅游、贸易等相关产业发展，实现多渠道、多环节增收，产业发展与农户增收的利益联结机制不断完善。到2025年，重点培育1个有代表性的葡萄酒特色镇，高昌区葡萄酒庄核心区、托克逊县酒庄园区、鄯善县酒庄集群，带动葡萄酒种植、加工、服务业，吸纳就业人数达到10000人以上；打造酒庄4A级景区1个，3A级景区3个，2A级景区3～5个，酒庄接待旅游人数达到500万人次以上。葡萄酒产业发展带动文化推广、餐饮娱乐、旅游等相关产业，产值达到60亿元以上。

（4）竞争能力大幅提高。精品特色葡萄酒庄发展到100家。培育形成20～30个具有产区地域特色的知名品牌，实现葡萄酒品牌化经营，葡萄酒市场竞争能力大幅提高。培育2～3家年销售收1亿元以上的葡萄酒庄，培育3～5家年销售收5000万元以上的葡萄酒庄。

（5）质量安全有效保障。葡萄酒质量安全标准体系、质量控制和检测体系、产品质量安全可追溯体系得到进一步健全和完善，优良品率达到80%以上，其中优级品率达到30%以上；规模以上生产企业全部建立诚信管理体系。

（6）品牌影响力显著提升。深入挖掘吐鲁番产区独特的葡萄酒品牌文化，充分利用各类传播媒介，提高吐鲁番产区葡萄酒品牌知名度、扩大影响力，培育和扶持一批区域知名品牌和国内外知名品牌，争创2～3个全国驰名商标。

四、产业布局

认真贯彻落实自治区党委“3+1”重点工作部署和市委的工作要求，把推进葡萄酒产业发展放在实现社会稳定和长治久安总目标大局中去谋划和推进，把“富农”作为葡萄酒产业发展的首位要求，把“强市”作为检验产业发展成效的重要标准，奋力推进葡萄酒产业高质量发展。

到2025年，将高昌区葡萄酒庄园区打造成特色发展核心区，支持火山红、驼铃、亿茂等酒庄做精做特；将鄯善县酒庄集群打造成葡萄酒产业融合发展示范区，支持楼兰、新葡王、车师等酒庄做大做强；把托克逊县打造成葡萄酒产业联动发展先行区，支持赛尔墩酒庄园区、零海拔酒庄、库米什酿酒葡萄种植基地等把亮点做优做实。全市葡萄酒产业发展实现“三扩大三提升”，即扩大标准化酿酒葡萄种植面积，扩大葡萄酒生产企业数量，扩大葡萄酒产量；提升葡萄酒及带动产业收入，提升吐鲁番葡萄酒产区文化内涵，提升吐鲁番葡萄酒市场影响力。满足葡萄酒市场需求，优化葡萄酒生产，实施“2332”产品结构模式，即二成高端精品酒（白兰地、干红、起泡、波特等）、三成中端佐餐酒（蒸馏、干白、甜白、利口、起泡、白兰地等）、三成低端大众酒（蒸馏、风干、晚采、利口、气泡、味美思、低度微醺等）、二成特色果酒（杏子酒、桑葚酒、红枣酒、哈密瓜酒等）。按照“一核四射两线”打造吐鲁番葡萄酒销售市场，即立足吐鲁番现有销售市场一个核心，向湖南、上海、北京、广东4省市辐射，建立健全线上线下销售体系。提高地产葡萄利用率，培育10家自治区龙头企业，增强吐鲁番葡萄酒品牌影响力，构筑“六个一”产业格局，即打造1个葡萄酒特色小镇，形成10个知名品牌，产能10万千升，市外建成100个葡萄酒馆，市内建成100个优质酒庄，实现产业收入100亿元。

五、重点任务

1.提升种植基地标准化水平

以高昌区、鄯善县、示范区为重点，托克逊县为辅，鼓励和引导现有基地资源整合和提质增效，优先支持优势产区建设种植基地，巩固现有面积，稳步扩大面积，确保基地建设与企业、产业发展相匹配，促进现有基地健康发展，逐步实现全市种植基地良种化、品种布局科学化、产区酒种差异化。提高酿酒葡萄良种繁育基地建设水平，科学布局酿酒葡萄品种区划，加强葡萄种苗引进和种植管理，引进、筛选适合新疆不同区域土壤和气候条件的品种，有效控制随意引种、品种不纯、种条带病等问题。在适宜产区逐步推广嫁接苗技术，加大种植技术研究和推广力度，推进产区葡萄品种差异化发展。在酿酒葡萄产区推广标准化种植技术，提高机械化水平。建设一批符合国际标准的精品葡萄园，有效提升原料质量。充分发挥农民专业合作组织作用，进一步完善企农利益联结机制，实现企农双赢。

专栏一

种植基地标准化工程

到2025年，葡萄种植基地规模力争达到60万亩。葡萄标准化种植基地面积达到30万亩。提高酿酒葡萄良种繁育基地建设水平，科学布局酿酒葡萄品种区划，加强葡萄种苗引进和种植管理，引进、筛选适合新疆不同区域土壤和气候条件的品种，统一基地规划布局、技术规程、栽植管理、产品质量标准等。

2.加大品牌培育和市场开拓力度

加快实施品牌培育工程，建设吐鲁番葡萄酒品牌公共服务平台，积极打造吐鲁番产区葡萄酒统一品牌，建设一批具有吐鲁番特色的葡萄酒馆，利用统一的品牌优势，增强吐鲁番葡萄酒的市场知名度。鼓励和支持在主要消费市场持续组织开展吐鲁番产区公共品牌推介活动，举办葡萄酒产业发展高峰论坛，邀请国内外葡萄酒知名专家参与专题讨论，进一步扩大吐鲁番葡萄酒品牌影响力。突出展会带动作用，丝绸之路葡萄节期间举办具有影响力的葡萄酒节，组织葡萄酒企业参加国内外重要展会活动。充分发挥国家、省级媒体和互联网传播的积极作用，深入挖掘吐鲁番区域内葡萄酒的特色和优势，全方位宣传产品和品牌。通过形式多样的宣传推广活动，进一步提高“吐鲁番葡萄酒”知名度，增强市场竞争力。充分利用对口援疆优势，联手打造“吐鲁番葡萄酒”产品品牌和吐鲁番产区品牌，在湖南省长沙市、湘潭市、益阳市、郴州市、衡阳市统一建设一批吐鲁番产区形象店，拓宽销售渠道。加大支持力度，扶持一批龙头企业做优做强，引领和带动吐鲁番品牌集群发展。加大葡萄酒产业领域新业态、新模式培育力度，引领新型消费，促进新型产业发展。加强营销网络建设，创新葡萄酒“互联网+”营销模式，打造吐鲁番葡萄酒直播经济、数字经济，形成“线上+线下”“产品+服务”“体验+场景”的营销新模式。鼓励和支持企业“走出去”开拓国内外市场，延展市场空间，形成以目标市场和销售网点为基础的葡萄酒市场推广体系，不断提高市场占有率。

专栏二

市场营销和品牌推广工程

（1）建立产区品牌发布制度。与专业宣传营销机构合作，收集整理产区新闻、酒企酒庄、产品科技、教育培训、展会交流等信息资料并定期发布，向国内外展示吐鲁番产区形象和特色。

（2）营销网络建设工程。通过对口援疆、商务系统扶持、酒庄企业建设，在国内百个城市设立百家吐鲁番葡萄酒馆。其中，以上海、杭州为中心向周边地市延伸建设华东市场；以长沙、湘潭、衡阳、郴州、常德、益阳等6个城市为中心建设华中市场；以广州、深圳、潮州为基地建设华南市场。与有实力的销售企业合作，结合世界葡萄酒大师教育培训推广体系，与葡萄酒爱好者深度沟通并深耕市场，形成吐鲁番产区和产品的“口碑效应”，有效拓展市场。

（3）品牌宣传推介工程。深入挖掘新疆独特的葡萄酒历史文化和产区、产品特色，充分利用各类媒体、互联网等传播媒介，借助中国·亚欧博览会、吐鲁番葡萄节等平台，开展吐鲁番葡萄酒品牌系列推广活动。举办葡萄酒产业发展高峰论坛、新闻发布会等活动，扩大吐鲁番葡萄酒的影响力。出台吐鲁番产区品牌培育支持政策，宣传吐鲁番葡萄酒品牌和葡萄酒文化。

（4）实施三大“双百”工程。即“百城百馆·百场百万·百庄百亿”，在百个城市开设百家吐鲁番酒馆，举办百场线上销售活动销售一百万瓶葡萄酒，打造百家酒庄实现销售收入一百亿元。

3.培育壮大龙头企业

从种植、生产、加工、营销等环节入手，学习借鉴国际和国内产业集群化发展的成功经验，着力培育在全国具有较强影响力和市场竞争力的葡萄酒龙头企业，支持企业兼并重组，盘活存量，实现优势互补。重点支持10～12家有实力有前景的葡萄酒企业发展壮大，带动我市葡萄酒品质和品牌提升，引领产品和品牌走出新疆、走向国际。发挥龙头企业示范引领和促农增收的积极作用，完善“公司+合作社+农户”利益联结模式，实现企业与农户互利共赢。积极引进外资、援疆项目，鼓励酒庄企业与国际知名企业、援疆省市龙头企业加强合作，增强产业持续发展动力。同时，要着力完善葡萄酒产业链条，引进葡萄酒生产加工所需的玻璃瓶、橡木塞等配套产品生产企业在吐鲁番发展，补齐产业链发展短板，推动产业集群发展。

专栏三

龙头企业培育工程

（1）产业联合体培育工程。扩大葡萄酒龙头企业规模，增强带动能力，推动集群发展。加强企业间协同创新，突破一批行业关键共性技术，推动应用示范，提升行业综合竞争力。

（2）知名品牌培育工程。加快构建完善的质量品牌管理体系，培育一批产品叫得响、质量信得过、消费者认可，具有持久生命力的区域知名品牌和国内外知名品牌。

（3）本土特色产品培育工程。鼓励企业发扬工匠精神，专注产品品质，下工夫开展品种品系适应性研究，酿造出代表产区独特风格的明星产品，用产品诠释企业理念。

4. 做优做强特色酒庄

学习借鉴国际知名葡萄酒庄发展模式，在培育壮大规模化企业的同时，优化发展特色酒庄。依托产区优势，以市场为导向，以发展酒庄葡萄酒为目标，培育100家左右集葡萄种植、葡萄酒酿造、休闲旅游和文化推广于一体，具备观光、名酒拍卖、品酒教学、艺术展览、度假休闲等多重功能的特色精品酒庄，形成新疆葡萄酒产业酒庄集群。以酒庄、葡萄园为依托，融合旅游产业，统筹规划旅游路线，完善沿线标牌标识、旅游集散中心、房车营地等配套设施。出台扶持政策，支持在优质旅游线路推广“产区+生产研发中心+酒窖式庄园”模式，培育建设地理标志认证的葡萄酒产区，配套建设生产技术研发服务中心和检测中心，提供专业技术服务。

专栏四

特色酒庄建设工程

（1）2区1群1镇建设。培育高昌区葡萄酒庄核心区、托克逊县酒庄园区、鄯善县酒庄集群和1个葡萄酒特色镇。力争建设年产量50～500千升的精品特色酒庄75家，其中，高昌区45家、鄯善县30家、托克逊县10家；建设年产量1000千升以上，具有较强生产能力的酒庄25家，其中，高昌区12家、鄯善县5家、托克逊县3家。

（2）产业优化工程。各主产区要支持一批重点龙头企业实施机械化、自动化、智能化、信息化技术升级改造，提升葡萄酒生产全程检测和压榨、发酵、贮藏等生产技术水平；建设全程监测系统和食品质量追溯体系，实现“从田间到餐桌”全产业链信息化管控。

（3）地理标志认证产区重点配套设施建设工程。支持产区水、电、气、路、污水处理及农田防护林等基础设施建设，配套建设综合信息服务平台，提升区域旅游环境承载力及综合吸引力，发展壮大区域葡萄酒产业观光经济和体验经济。

5. 推动与文旅产业融合发展

在推进吐鲁番葡萄酒产业发展中讲好“吐鲁番故事”，充分挖掘吐鲁番浓厚的葡萄酒历史文化，把产品美誉度、产区知名度与产区葡萄酒文化旅游有机结合，推动产业联动和协调发展。打造葡萄酒文化旅游精品路线，加大精准营销力度，开发不同类型的特色旅游产品，塑造吐鲁番地域品牌形象。鼓励和支持各区县在制定本区域经济发展规划时，同步编制葡萄酒文化和旅游产业融合发展专项规划，积极打造各具特色的地方葡萄酒文化。鼓励各地成立葡萄酒旅游协会，在协调葡萄酒生产企业和旅游企业服务方面发挥积极作用。加大葡萄酒旅游产业的投入和政策扶持力度，支持客源市场开发、市场推广、市场营销，提高针对不同游客群体设施和服务的有效供给。在宣传推介吐鲁番旅游景区景点的同时，加大葡萄酒产品及葡萄酒文化的宣传力度。积极推进乡村旅游，促进吐鲁番特色民俗文化、历史文化、美食文化等与葡萄酒产业发展有机结合。

专栏五

“葡萄酒+文化旅游”工程

（1）开发旅游项目。将我区葡萄酒宣传纳入旅游精品线路推介中，加大产区优势品牌宣传。将葡萄资源优势与旅游路线设计有机结合，策划开发集知识、娱乐等于一体的特色旅游项目。组织游客前往葡萄酒企业开展参观、品尝和亲自参与酿酒体验等系列活动，通过实地参观了解葡萄酒酿造工艺和生产过程，展示高新技术设备及产品、现代化生产工艺、高效经营管理模式，以及葡萄酒历史文化等，进一步提升企业和品牌形象。

（2）组织节庆旅游。每年不定期在各酒庄举办葡萄酒活动，促进与产区内各酒庄争先创优。开展集文化展示、产品推介、销售服务于一体的葡萄酒会、品酒会、评酒会，以及传统歌舞表演、音乐欣赏、美食品尝等大型活动，吸引游客，提升产区、企业和产品知名度。

①“我家大门常打开”型，组织有条件的酒庄举行品鉴会以及开放酒窖来接待参访者，开展葡萄酒庄旅游。

②“研学旅游”型，通过把葡萄酒加工制造与教育研学结合起来、教育活动和娱乐活动结合起来，让参访者能在普通的参观之外亲自参与到一些实践性活动中去，如酝酿讲习会、采收工坊游览、葡萄园自然之旅以及烹饪课程等。

③“节庆假日”型，利用各类节庆日、假日开展与葡萄酒相关的一次性活动，比如葡萄酒新酒节、采收狂欢节、新年品鉴会等。

6. 增强产业创新发展能力

加大对葡萄品种选育、葡萄酒等相关科研项目的支持，充分利用科技创新驱动产业发展。加大葡萄酒企业与高校、科研院所产学研合作力度，鼓励有条件的区域与区内外高校、科研院所建立长期稳定的合作关系，构建“企业+专家团队”协作机制，在全产业链推动科技研发、技术推广和生产应用。加强技术攻关，在品种选育与区域化、节水及水肥一体化、防寒越冬、机械化、病虫害防治、防灾减灾、酿酒工艺、产区葡萄酒风土特性等方面进行重点攻关，全面提升葡萄种植与葡萄酒酿制的质量效益。注重引进国内外先进种植和生产技术，持续提升产业创新发展能力。鼓励和支持运用新一代信息技术赋能葡萄酒产业转型升级，提升数字化、信息化、智能化水平。

专栏六

创新驱动工程

（1）科技创新能力建设。支持成立葡萄酒产业技术创新战略联盟，推动与区内外高校、科研院所合作建设葡萄酒产业创新中心。鼓励院校和企业加强产学研合作，建立自治区级和国家级企业技术中心。重点支持品种选育与区域化、节水及水肥一体化、防寒越冬、机械化、病虫害防治、防灾减灾、酿酒工艺、产区葡萄酒风土特性等方面研究。

（2）葡萄及葡萄酒重点实验室建设。健全葡萄酒产业全程检测和质量安全追溯体系，实现从葡萄种植到葡萄酒销售全过程的追溯查询，提高葡萄酒质量安全保障能力。

（3）果酒研发中心建设。加强国内外葡萄酒相关技术学习，围绕吐鲁番林果资源，开展葡萄酒酿造技术研发和葡萄酒新产品、新品牌开发。

7.提升绿色发展水平

坚持“环保优先、生态立区”原则，在葡萄酒产业规划和葡萄酒项目建设中全面落实清洁生产、污染物排放浓度与总量控制双达标等要求，合理布局种植基地，充分利用科技手段，注重生态建设，以循环经济模式建设绿色、健康、安全的葡萄酒产业集群。引导葡萄酒企业采用高新技术提取葡萄皮渣有效成分，延伸产业链，提高附加值，提升资源综合利用水平，推动形成满足区域葡萄酒加工副产物综合利用需求的配套产业体系，增强可持续发展能力。

专栏七

循环利用工程

（1）清洁生产能力建设。支持葡萄酒生产企业开展清洁生产和节能减排，不断提高企业综合效益。

（2）副产物综合利用工程。支持主产区龙头企业引进或配套建设葡萄酒酿造副产物综合加工和利用项目，生产葡萄籽油、葡萄原花青素、白藜芦醇、皮渣制蒸馏酒等高附加值产品。

8. 完善物流配送体系

加快推进主产区物流基础设施建设，发展集采摘、加工、包装、运输、销售等为一体的葡萄酒综合物流体系。整合现有资源，加大政策支持，推进新疆葡萄原酒交易中心建设，提高吐鲁番葡萄原酒市场话语权。推进面向上海、江苏、浙江、福建、广东等主要目标市场的物流中心建设，提高新疆产区葡萄酒产品在目标市场的配送效率，力争到2025年形成覆盖全区和国内外主要目标市场的物流配送体系。积极发展葡萄酒电子商务，推进电商平台和配送网络相融合，实现线上线下共同发展，有效拓宽销售渠道，扩大市场。

专栏八

综合物流工程

（1）综合物流体系建设。重点支持行业龙头企业利用现有物流平台，建设葡萄酒物流配送中心、冷藏保鲜、冷链运输等项目，到2025年，形成具有一定规模的区域性葡萄酒物流集散中心。

（2）电子商务销售平台建设。支持利用现有电子商务平台，搭建葡萄酒专业销售网络。积极支持葡萄酒产业发展跨境电子商务，建立“内地仓”、体验店和配送网点等，构建葡萄酒电子商务物流平台和配送体系。

六、保障措施

1.强化组织保障

成立吐鲁番市葡萄酒产业发展专班，负责制定全市葡萄酒产业发展各项政策措施，协调解决产业发展中的重大问题。各区县成立相应协调议事机构，统筹推进任务落实。葡萄酒专班各行业主管部门要履行规划、指导、管理、服务等职能，加大工作力度，密切配合，形成合力，确保各项政策措施落到实处。

2.加大政策扶持

（1）加快基地建设。出台标准化基地建设支持政策，支持酿酒葡萄基地享受退耕还林、三北防护林建设、种苗补贴、林业贷款贴息等相关林业政策，在水资源、土地使用、示范园农田防护林、林下经济、酿酒葡萄良种苗木审定等方面给予政策倾斜。

（2）加大财政扶持。制定出台吐鲁番加快葡萄酒产业发展的专项扶持政策。从2021年起，设立吐鲁番葡萄酒产业发展专项支持资金2000万元。专项资金主要用于推进现有葡萄酒产品结构高端化调整和产业提质增效，推进生产企业技术改造、科技创新和科研成果转化、市场开拓、品牌推广和专业人才队伍建设等工作。加大减税降费力度，鼓励和支持企业扩大成品酒的生产和销售。加大财政金融扶持政策的力度，出台贴息贷款等优惠政策，谋划好产业发展各类中长期支持资金的渠道，为葡萄酒产业发展提供持续的资金保障。

（3）加强金融服务。全面落实国家、自治区对中小微企业的金融支持政策，加大对葡萄酒产业的支持力度。改善金融服务，合理确定贷款额度和期限。拓展和创新金融服务，鼓励和支持符合条件的企业通过“绿色通道”上市融资，支持葡萄酒企业采取发行企业债券、集合债券、短期融资券、中小企业集合票据等方式多渠道融资。充分利用自治区中小企业信贷风险补偿基金，对葡萄酒企业加大信贷政策支持力度，引导银行业金融机构加大对葡萄种植的信贷投放力度，鼓励以林权、果树等长效经济作物和大型农机具抵押，以及龙头企业担保、农户联保等信贷方式，探索建立葡萄种植政策性担保机制。积极推进酿酒葡萄种植保险，逐步建立酿酒葡萄种植农业保险政策体系。

（4）强化地理标志产品保护。出台酿酒葡萄种植和葡萄酒加工等技术规范，培育和发展团体标准，建立健全原产地保护和监管机制。鼓励和支持产区积极申报国家地理标志产品及开展酿酒葡萄品种区划、风土研究，打响产区品牌，实现产区特色化发展。

3. 营造良好环境

主动增强服务意识，提高政务服务效率，把葡萄酒产业作为吐鲁番市特色优势产业培育，扶持龙头企业，降低企业经营成本，提升发展水平。加强葡萄酒质量安全管理，强化全产业链质量管控。整顿行业经营行为和市场秩序，打击假冒侵权行为，净化市场，营造公平的竞争环境。吐鲁番市及辖区内两区两县要把优化葡萄酒产业发展环境作为一项重要工作，创新思路，营造氛围，进一步改善营商环境，使吐鲁番成为全国葡萄酒产业发展环境最好的区域之一。

4. 加强人才培养

加强人才培养的长期化、制度化建设，逐步建立与葡萄酒产业发展相适应的人才队伍。持续系统地开展企业专业技术人员培训，开展产区葡萄酒行业职业技能竞赛，在立足区内培养的基础上加大与国内外科研机构交流合作力度，提高人才培养的能力和水平。加大农林技术人员和果农栽培技术的培训，对葡萄栽培、种植及后续管理进行全过程指导培训，引导农户科学种植、科学管理。聘请国内外专家来疆工作、指导和讲学，分期分批选派技术人员到国内外先进地区学习进修。支持吐鲁番职业技术学院开设葡萄酒专业，进一步培养葡萄种植、葡萄酒酿造、品牌营销等专业的高素质人才，满足葡萄酒产业发展的需要。全面落实人才引进相关政策，设立区域葡萄酒产业科技人才资源库，建立引进人才服务绿色通道，长期、持续、有针对性地引进国内外葡萄酒行业的知名专家、专业人才开展科研攻关和人才培养工作。

5. 发挥协会作用

充分发挥吐鲁番葡萄酒产业协会的桥梁纽带作用，加强协会在行业自律、产区推介、整体宣传、质量品评、产品推广、技术服务、人员培训、消费引导等方面的作用，建立起行业协同合作机制。支持成立产业联盟，推动葡萄酒产业标准化、规范化、集约化发展。鼓励和引导葡萄酒企业特别是龙头企业参与葡萄种植专业合作社，发挥好龙头企业在带动农户增收致富方面的示范引领作用。充分发挥协会在消费者教育及意见领袖培育工作中的积极作用，开展意见领袖口碑营销，通过教育引导消费者，提高产区品牌认知度，形成口碑效应。